Nisha George
Mary N.L.

Propriedades ópticas não lineares e estudos biológicos de nanocompósitos

Nisha George
Mary N.L.

Propriedades ópticas não lineares e estudos biológicos de nanocompósitos

ScienciaScripts

Imprint

Any brand names and product names mentioned in this book are subject to trademark, brand or patent protection and are trademarks or registered trademarks of their respective holders. The use of brand names, product names, common names, trade names, product descriptions etc. even without a particular marking in this work is in no way to be construed to mean that such names may be regarded as unrestricted in respect of trademark and brand protection legislation and could thus be used by anyone.

Cover image: www.ingimage.com

This book is a translation from the original published under ISBN 978-620-8-00993-9.

Publisher:
Sciencia Scripts
is a trademark of
Dodo Books Indian Ocean Ltd. and OmniScriptum S.R.L publishing group

120 High Road, East Finchley, London, N2 9ED, United Kingdom
Str. Armeneasca 28/1, office 1, Chisinau MD-2012, Republic of Moldova, Europe
Printed at: see last page
ISBN: 978-620-8-09965-7

ÍNDICE

Capítulo I
Introdução

1.1 INTRODUÇÃO

A investigação atual sobre polímeros e seus nanocompósitos visa a conceção e o desenvolvimento de novos materiais com propriedades distintas que possam melhorar a qualidade da vida humana. Assim, a investigação sobre novos polímeros tornou-se essencial e indispensável em vários domínios da vida, como o vestuário, a alimentação, os revestimentos exteriores, a biotecnologia, a medicina, a eletrónica, os materiais condutores e os materiais ambientalmente remediáveis.[1] A principal vantagem da utilização de polímeros é o seu vasto espetro de aplicações e o seu vasto campo de ação para a modificação química com propriedades sintonizáveis, como a resistência do módulo, as propriedades térmicas, ópticas e eléctricas, bem como a sua importância biológica.[2-3] Nos últimos anos, os estudos sobre polímeros artificiais e naturais revelaram um grande potencial que conduziu a uma nova geração de materiais avançados.[4-6] As propriedades químicas e moleculares destes polímeros podem ser modificadas e a sua natureza cristalina, disposição estrutural, cor, índice de refração, ponto de ebulição, ponto de fusão, solubilidade, etc. podem ser alterados para melhorar as suas propriedades.[7-9]

1.2 MODIFICAÇÃO DE POLÍMEROS

A modificação de polímeros resulta em desenvolvimentos extensivos no domínio do armazenamento de dados, engenharia de tecidos, dispositivos de visualização e produtos farmacêuticos.[10-11] As propriedades mecânicas e químicas, juntamente com a baixa temperatura de processamento dos polímeros, abrem novas fronteiras para a tecnologia de dispositivos ópticos.[12] Devido à sua estrutura à base de carbono, os polímeros são mais compatíveis com os tecidos biológicos, pelo que podem ser utilizados em diferentes aplicações biológicas.[13] A estabilidade térmica, a flexibilidade, a transmitância, a compatibilidade, a resposta física multifásica e as propriedades biológicas destes polímeros também foram alteradas pela inclusão de outros materiais.[14] São frequentemente utilizados dois tipos de modificações: Modificação química da cadeia polimérica e modificações físicas (de superfície), como aprisionamento, emaranhamento ou alterações induzidas por radiação.[15]

1.2.   1Modificação química

Os polímeros quimicamente modificados são materiais com propriedades alargadas obtidas pela introdução de uma parte ativa ao longo dos locais reactivos da cadeia polimérica. A modificação dos polímeros prontamente disponíveis ou existentes é preferível a novos polímeros a partir de monómeros modificados. Isto deve-se aos problemas que surgem ao escolher o peso molecular, o aumento necessário das propriedades, a dispersão, etc. [16]

A modificação química da estrutura e da superfície do polidimetilsiloxano (PDMS) hidrofóbico por adesão mediada por plasma gerada por forno de micro-ondas conduz à formação de material polimérico hidrofílico. O aumento efetivo da hidrofilicidade da superfície do PDMS deve-se à introdução de grupos SiO_x durante a oxidação induzida por plasma.[17] Além disso, a incorporação de uma amina primária na espinha dorsal de um polímero de microporosidade intrínseca conduz a um aumento significativo da sua afinidade com o dióxido de carbono.[18] É possível fabricar poli (N-isopropilacrilamida) termo-responsivo à

3

medida através da dupla modificação deste polímero com amina primária utilizando a reação de adição de Michael.[19] A introdução de lenhina numa matriz polimérica resulta numa modificação química eficiente devido ao seu carácter altamente funcional e esta abordagem tem sido amplamente utilizada para o desenvolvimento de novos materiais de base biológica.[20] Do mesmo modo, o aumento da plasticidade e da capacidade de escoamento dos lignossulfonatos em alguns polímeros promove uma maior resistência à compressão, durabilidade e melhor uniformidade do material final.[21] A incorporação de cromóforos ópticos não lineares e de grupos espaçadores volumosos na cadeia polimérica melhora as suas propriedades electro-ópticas.[22] As fibras multifuncionais produzidas pela adição de vidro de fosfato de prata à matriz de policarbonato (PC) e polimetacrilato de metilo (PMMA) conduzem à condução simultânea de eletricidade e à transmissão de luz para registo e manipulação de actividades neuronais mediadas pela luz.[23] Foi também referido que a propriedade mecânica dos copolímeros tribloco pode ser melhorada através da incorporação de ligações cruzadas transitórias no bloco intermédio do polímero.[24]

Os polímeros amorfos ou semi-cristalinos representam os sistemas em que as unidades monoméricas não apresentam uma ordem de longo alcance. Estes polímeros, com conjugação na sua estrutura, apresentam boas propriedades ópticas, como o índice de refração, a transmissão de luz, a cor, o brilho, o aspeto da superfície e a opacidade, sendo por isso utilizados no fabrico de dispositivos ópticos.[25,26] O poliestireno, o policarbonato, o polibutadieno, etc., são alguns exemplos desses polímeros e copolímeros com conjugação alargada nas suas estruturas. O poliestireno sulfonado, utilizado para a preparação de nanocompósitos, apresentou uma não linearidade de ordem superior no comprimento de onda de excitação de 532 nm.[27] Becker et al. relataram a preparação e as propriedades do copolímero com poliestireno e um derivado de *p-nitroanilina* para obter boas propriedades ópticas de guia de ondas.[28] O poli(anidrido estireno-maléico) (SMA) irradiado por feixe de iões e alinhado como cristal líquido em vidro depositado com óxido de índio e estanho (ITO) apresentou propriedades ópticas superiores que o tornaram adequado para utilização como ecrã de cristais líquidos (LCD) comercial.[29]

As bases de Schiff são um dos potenciais ligandos amplamente utilizados para a modificação de polímeros orgânicos.[30] São os produtos de condensação de aldeído e aminas que resultam na formação de um grupo azometina. A natureza versátil do modo de ligação destes ligandos quelantes que contêm azoto (N), enxofre (S) e oxigénio (O) como átomos dadores chamou a atenção para estas moléculas em vários domínios, como a medicina, os produtos farmacêuticos e a ótica não linear.[31-33] As polarizabilidades de segunda ordem das bases de Schiff foram estudadas por Bhat et al. utilizando o laser de granada de ítrio e alumínio dopado com neodímio (Nd:YAG) para aplicações ópticas não lineares (NLO).[34] São utilizadas condições de reação moderadas e taxas de reação elevadas para a formação destes compostos. A capacidade de ligação da ligação azometina depende dos locais de coordenação, da eletronegatividade, da natureza dos átomos e de factores estéricos.[35] Os aldeídos aromáticos são mais adequados para a síntese de uma base de Schiff devido à conjugação presente na sua estrutura, quando comparados com os aldeídos alifáticos , o que aumenta as suas propriedades antifúngicas e antibacterianas.[36,37] A base de Schiff do 4-carboxibenzaldeído-4-amino 3-metilo foi utilizada para a preparação de um novo polímero com propriedades ópticas e estabilidade térmica melhoradas.[38] Dilek et al. relataram a modificação de polímeros com base de Schiff para a produção de material com potencial para o fabrico de díodos emissores de luz e sensores.[39] Existem relatórios sobre a preparação de hidrogel de biopolímero de quitosano com base de Schiff com maior atividade ótica e antibacteriana.[40]

1.2.   2Modificação física

A modificação física dos polímeros pode ser conseguida através da adição de materiais como nanopartículas (NPs), corantes, etc. à matriz polimérica. A mistura de dois polímeros é também um método através do qual as propriedades dos materiais podem ser melhoradas. Enchimentos, plastificantes e outros aditivos podem ser incorporados na matriz polimérica para modificar as suas propriedades biológicas, ópticas e eléctricas. As propriedades ópticas dos materiais estão relacionadas com o índice de refração e a transmissão de luz; estes polímeros podem ser desenvolvidos para utilização na área da defesa, medicina e aplicações biométricas.[41,42]

A compatibilidade destes polímeros com sistemas biológicos constitui uma área importante que contribui eficazmente para a sua utilização no domínio emergente da ciência médica. A modificação da superfície dos polímeros por plasma foi considerada um instrumento adequado para obter propriedades biológicas consideráveis.[43]

Modificação por mistura com polímeros

A mistura de polímeros é uma técnica bem estabelecida na qual os polímeros/co-polímeros são misturados para produzir novos materiais poliméricos com as propriedades desejadas para se adequarem a aplicações específicas.[44] Este método é frequentemente utilizado devido à sua versatilidade no desenvolvimento de produtos através de uma combinação sinérgica das propriedades dos polímeros envolvidos. Deste modo, obtêm-se propriedades superiores às dos homopolímeros que os compõem. O fabrico destes polímeros por mistura ou modificação com outros materiais pode abrir novas vias para o desenvolvimento de produtos.[45] Estas misturas, que são misturas físicas de dois ou mais polímeros, estão ligadas entre si por forças secundárias, tais como ligações de hidrogénio, interações dipolo-dipolo ou interações de Van der Waals.[46] As suas propriedades são afectadas pela morfologia da fase, pela composição da mistura, pelo teor de humidade, pelos polímeros de origem, pelos compatibilizantes e pelo método de preparação da mistura.[47] As misturas poliméricas não são geralmente tão miscíveis como os compostos simples. Assim, a força motriz da mistura de polímeros não depende apenas da energia de interação, mas também de factores termodinâmicos como a entropia do material, a temperatura, a pressão e a concentração a que a mistura ocorre. A entropia da mistura é relativamente baixa devido às elevadas massas molares dos polímeros.[48,49] As misturas de polímeros podem ser classificadas em três categorias, consoante a sua miscibilidade - misturas miscíveis, imiscíveis e parcialmente miscíveis. As misturas miscíveis apresentam uma única temperatura de transição vítrea (Tg) com uma morfologia homogénea que resulta em boas propriedades físicas. As misturas imiscíveis têm duas Tg distintas dos homopolímeros individuais e são misturas heterogéneas. As misturas parcialmente miscíveis têm uma morfologia homogénea, mas observa-se uma ligeira mudança nas suas Tg individuais.[50]

Entre os três tipos de misturas, a miscível foi considerada a mais significativa e a miscibilidade é controlada por diferentes factores. A entalpia de mistura é baixa ($\Delta H_{mix} < 0$) para estas misturas miscíveis. O ganho de entropia é muito menor quando se misturam dois polímeros de elevado peso molecular. Assim, a entalpia tem de ser negativa para que a energia livre seja negativa e o processo seja espontâneo. O comportamento de miscibilidade dos polímeros é grandemente influenciado pela temperatura[51] e é dado pela equação 1.1:

$$\Delta G = H - T \, S \, {}_m\Delta_m\Delta \qquad\qquad (1.1)$$

Uma mistura de polímeros é considerada miscível quando existe uma forte interação entre as misturas de polímeros ou quando a tensão interfacial entre os polímeros é nula. Por exemplo, devido à ligação de hidrogénio entre o grupo -$CONH_2$ e o grupo -OH presentes na poliacrilamida (PAM) e no álcool polivinílico (PVA), respetivamente, estes polímeros formam misturas miscíveis.[52] As propriedades termomecânicas e a reologia da mistura de polímeros miscíveis, ácido poliláctico (PLA) e PMMA, foram estudadas para revelar uma rede emaranhada que exibe uma capacidade de memória de forma.[53] As propriedades mecânicas dos biopolímeros são melhoradas através de ligações cruzadas ou misturas com outros polímeros. [54-56]

Modificação por incorporação de nanopartículas

A combinação e orientação de diferentes materiais para obter propriedades superiores leva à produção de compostos modificados ou novos. Os nanocompósitos de polímeros (PNCs) são materiais multifásicos com aditivos à escala nanométrica. A inclusão de nanopartículas (NPs) numa matriz polimérica hospedeira e a sua dispersão na matriz conduzem à preparação de uma variedade de materiais nanocompósitos eficientes.

Foram desenvolvidos para várias aplicações novos materiais/dispositivos tecnológicos que lidam com estruturas e constituintes com dimensões da ordem dos mil milionésimos de metro, nomeadamente nanomateriais.[57] Os nanomateriais tornaram-se mais importantes na vida atual quando comparados com os seus análogos a granel. Este facto não se deve apenas às suas excelentes caraterísticas estruturais, mas também aos seus atributos invulgares.[58] Quando o tamanho do material é reduzido à escala nanométrica, apresenta uma diferença significativa nas suas propriedades químicas, físicas e biológicas quando comparado com átomos individuais, moléculas ou os seus homólogos a granel. Estas NPs têm amplos benefícios na proteção do ambiente, na indústria, na medicina, na fotocatálise, na optoelectrónica e na agricultura.[59] Isto deve-se ao facto de o seu rácio superfície/volume aumentar proporcionalmente à medida que as dimensões das partículas se reduzem à escala nanométrica. Isto implica que mais átomos são expostos à superfície e, por conseguinte, o material apresenta propriedades eléctricas, ópticas e térmicas melhoradas.[60] Os materiais de alta qualidade na nanodimensão são importantes para novas aplicações em biossensores, terapêutica e administração de medicamentos.[59] As propriedades ópticas dependentes do tamanho dos nanomateriais foram úteis para a produção de dispositivos ópticos à escala nanométrica e em nanolitografia.[61] A interação da luz com matéria de tamanho inferior ao comprimento de onda da luz diminui em grande medida a dispersão da luz, tornando estes materiais úteis como revestimentos transparentes, absorventes de UV, revestimentos antirreflexo, protectores solares, etc.[62] Assim, as diferentes combinações relativas à escolha dos materiais e o controlo eficaz da morfologia de cada material proporcionam a vantagem de alargar toda uma nova biblioteca de materiais inovadores com propriedades físicas cativantes que são atraentes do ponto de vista da tecnologia e da ciência.[63]

1.3 CLASSIFICAÇÃO DOS MATERIAIS NANOESTRUTURADOS

A principal caraterística que distingue as nanoestruturas é a sua dimensionalidade. Consoante a sua dimensão, Pokropivny e Skhorokhod classificaram os nanomateriais em nanoestruturas de dimensão zero, unidimensionais, bidimensionais e tridimensionais[64] , como mostra a figura 1.1.

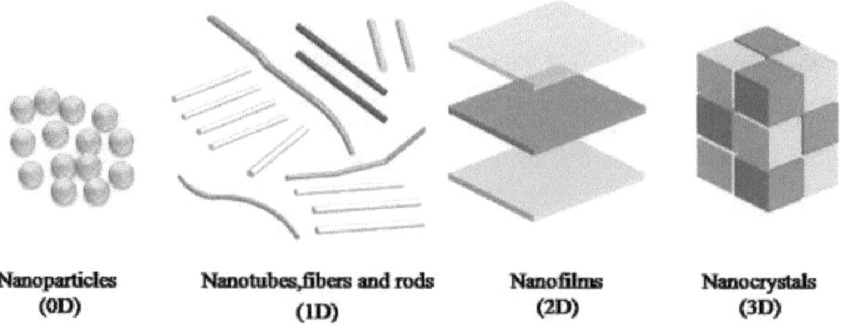

Figura 1.1: Classificação das nanoestruturas

1.3.   1Nanoestruturas de dimensão zero

As NPs de metais nobres, como a prata (Ag) e o ouro (Au), e as NPs de óxidos metálicos e os pontos quânticos com uma disposição uniforme das partículas, são exemplos de NPs de dimensão zero. A ressonância plasmónica de superfície (SPR) das NPs de metais nobres é responsável pelas suas propriedades únicas.[65]

As NPs de Au têm atraído um interesse decisivo a este respeito devido à sua adequada bioconjugação de superfície, estabilidade química, não toxicidade e notáveis propriedades ópticas de ressonância plasmónica conferidas pela interação da luz com os electrões na sua superfície.[66] São de extrema utilidade na bio-nanotecnologia devido às suas funcionalidades de superfície e propriedades notáveis. A morfologia esférica das NPs apresenta uma boa biocompatibilidade e níveis mínimos de toxicidade.[67,68] As propriedades ópticas de um material dependem do tamanho das NPs, pelo que os estados de agregação têm um grande impacto nestas propriedades. A utilização de agentes protectores de superfície adequados ajuda a evitar a agregação. O método de Turkevich é o mais utilizado para a preparação de NPs Au.[69] Este método utiliza iões citrato como agente redutor e estabilizador. As NPs de Au protegidas com alcano-tiol podem ser sintetizadas pelo método de Brust e Schriffin.[70] No entanto, estas NPs têm de ser ainda mais funcionalizadas para se tornarem precursores excepcionais para aplicações variadas. As NPs Au têm uma elevada função de trabalho e podem ser efetivamente utilizadas em pastilhas de transístores, resistências e condutores.[71] Também se revelam úteis como sondas para aplicações de imagiologia biológica e em microscopia eletrónica de transmissão.[72] Além disso, devido à sua grande área de superfície total por unidade de volume, podem servir como catalisadores eficientes para reacções de oxidação/redução e também atuar como um agente antibacteriano eficaz.[73,74] As NPs de Au apresentam uma boa resposta NLO. A resposta ótica não linear de terceira ordem das NPs Au incorporadas em várias matrizes foi amplamente estudada para revelar um coeficiente de absorção melhorado.[75] Este facto pode ser atribuído ao efeito de campo local das NPs metálicas. Esta propriedade pode ser utilizada em dispositivos de processamento de sinais ópticos.

As NPs de Ag possuem boa condutividade eléctrica e térmica, comportamento linear e NLO, capacidade antibacteriana e antifúngica, estabilidade química e atividade catalítica.[76] Dependendo da escolha e da relação entre o agente redutor, o agente estabilizador e as condições de síntese, podem ser preparadas NPs distintas com diferentes formas, tamanhos e cores.[77] Verificou-se que as NPs de Ag exibem várias propriedades significativas. A condutividade eléctrica e térmica das NPs de Ag tem sido utilizada em interconexões eléctricas.[78] Devido às suas propriedades ópticas, pode ser utilizada como substrato para a espetroscopia Raman de superfície melhorada (SERS).[79] Também tem sido utilizada em produtos do quotidiano, como embalagens de alimentos, vestuário, etc., uma vez que possui boas capacidades curativas e anti-sépticas.[80] A propriedade antibacteriana e a importância biológica destas

NPs tornam-nas úteis para aplicações de cicatrização de feridas e para o desenvolvimento de materiais sanitários eficientes, cremes para queimaduras e ligaduras.[81] Esta propriedade das NPs de Ag também tem sido aplicada no tratamento de várias condições médicas, como a diabetes e o cancro. Também tem sido utilizada em materiais dentários e como um agente eficiente para a administração de medicamentos terapêuticos.[82,83]

1.3.2   Nanoestruturas unidimensionais

A dependência do tamanho e da dimensão das propriedades dos materiais contribui para a formulação de sistemas que exploram os conceitos de novidade na funcionalização de novos materiais.[84] As nanoestruturas unidimensionais têm uma grande variedade de aplicações no domínio da investigação.[85] Trata-se geralmente de nanobastões, nanofibras, nanohiskers, etc. As nanofibras formuladas a partir de polímeros são um foco de interesse devido à sua capacidade de alterar o diâmetro de nano para microescala com uma elevada relação superfície/volume, baixa densidade, elevada relação de aspeto e elevado volume de poros.[86]

Estas nanofibras são utilizadas para a preparação de células solares, baterias de iões de lítio, dispositivos de captação e armazenamento de energia.[87] As nanofibras ajudam a reter e a dispersar a luz devido ao seu elevado rácio de aspeto e à sua boa capacidade de interação luz-matéria. As nanofibras de polímero electrospun incorporadas com NPs servem de plataforma para propagar a luz. A incorporação de NPs Au em nanofibras de PAM dopadas com moléculas de Rodamina 6G conduz a um aumento da intensidade de fluorescência.[88] As nanofibras de PMMA dopadas com corantes fluorescentes aumentam a fotoluminescência não linear.[89] O alinhamento correto das NPs metálicas nas nanofibras cria uma enorme densidade de pontos quentes. Os efeitos NLO combinados com propriedades biológicas em materiais poliméricos podem conduzir a possibilidades vantajosas no diagnóstico e tratamento médicos, com aplicações promissoras em terapia fototérmica, imagiologia por fotoluminescência e ablação laser melhorada de sistemas biológicos.[90]

1.3. 3Nanoestruturas bidimensionais

Nos nanomateriais bidimensionais, uma dimensão está na nanoescala, enquanto as outras duas dimensões estão para além da nanoescala (>100 nm). Os silicatos em camadas, as argilas, os hidróxidos duplos em camadas, as nanofolhas, as nanofilmes e o grafeno inserem-se nesta categoria.

1.3. 4Nanoestruturas tridimensionais

Os nanomateriais a granel não estão confinados à nanoescala em qualquer dimensão. Possuem uma estrutura nanocristalina ou apresentam caraterísticas à nanoescala. Exemplos de estruturas tridimensionais são as nanoesferas, as bobinas, as nanoflores, etc.

1. 4ELECTROSPINNING

A electrospinning é uma técnica de fabrico simples e económica para a síntese de tapetes compósitos nanofibrosos através da aplicação de um forte campo elétrico a uma solução ou fusão de polímero em jato. Com esta técnica, podem ser fabricadas fibras utrafinas com uma grande
relação superfície-volume, elevada porosidade e diâmetro e tamanho adequados.[91] As principais vantagens das fibras electrofiadas em relação às fibras fabricadas são as suas dimensões muito mais finas e a sua capacidade de processar fibras que, de outro modo, não seriam facilmente processáveis por técnicas convencionais.[92] Os parâmetros significativos no processo de formação das fibras são o peso molecular, a taxa de fluxo, a condutividade da solução, a viscosidade da solução e a intensidade do campo elétrico.[93]

O diâmetro da fibra pode ser grandemente alterado através da variação destes parâmetros. A dispersão eficaz de NPs nas nanofibras de polímero constitui uma abordagem plausível para miniaturizar aparelhos electrónicos, sensores, dispositivos optoelectrónicos, etc.[94] Os materiais de revestimento de polímeros também podem ser desenvolvidos a partir de tapetes de nanofibras electrospun com propriedades antimicrobianas. Estes revestimentos podem atenuar o crescimento microbiano nas superfícies.[95] Além disso, no domínio da catálise heterogénea, estas nanofibras melhoram o comportamento catalítico das NPs de óxidos metálicos.[96] As concentrações de polímero podem também ser ajustadas de acordo com as necessidades para afetar várias aplicações.

Os polímeros naturais não podem ser normalmente fiados eletricamente devido às suas estruturas tridimensionais complexas e às forças intermoleculares atractivas entre as suas moléculas estruturais. Para ultrapassar estas dificuldades, têm de ser misturados com outros polímeros fiáveis para obter nanofibras porosas com o diâmetro e o tamanho desejados. Sullivan et al. referiram que, uma vez que a proteína de soro de leite não tem interações suficientes, não pode ser electrospun, mas se for misturada com poli (óxido de etileno) (PEO), que é um polímero spinnable, a mistura resultante pode ser obtida como nanofibras electrospun uniformes.[97] Polímeros naturais como o amido, a celulose, a quitina e o quitosano foram misturados com poliolefinas para aplicações em embalagens.[98] Foram fabricadas fibras ultrafinas com um diâmetro de 100-500 nm, misturando caseína (CAN) com PEO ou álcool polivinílico (PVA), que são polímeros fiáveis.[99] Vidya et al. relataram a síntese de uma nanofibra à base de polivinilpirrolidona (PVP) como revestimento de sementes para potenciais aplicações no domínio da agricultura.[100] O rendimento das colheitas e o processo de germinação podem ser grandemente melhorados através da utilização destas nanofibras electrospun de PVP, estruturalmente modificadas com ureia e NPs de cobalto. O PVP é útil a este respeito devido à sua natureza biodegradável e solubilidade em água, o que reduz a sua acumulação no solo. Outro sistema que pode ser transformado numa nanofibra utiliza uma fonte de fertilizante eficiente, como um composto de fosfazeno, juntamente com PVP e NPs de cobalto. Estes revestimentos têm um pH adequado para o crescimento das plantas e permitem a libertação sustentada do fertilizante para as sementes.[101] PVA e PVA reticulado foram relatados para formar nanofibras de diâmetro entre 100-500 nm.[102] A adição de nanoenchimentos ao polímero melhora consideravelmente as propriedades térmicas das nanofibras sintetizadas. Observou-se que o óxido de grafeno utilizado como nanocarga na matriz de PVA oferece a vantagem de uma maior condutividade, o que resulta na formação de fibras muito finas.[103]

A interação das NPs na matriz pode ser modificada de acordo com o método de preparação dos nanocompósitos. As forças fracas de Van der Waals ou a ligação de hidrogénio existem entre a carga e a matriz hospedeira na preparação do compósito através de uma simples mistura mecânica.[104] As NPs podem ser incorporadas na matriz polimérica utilizando diferentes métodos. A evaporação de solventes e a electrospinning são os dois métodos diferentes para a preparação de filmes nanocompósitos e nanofibras utilizados na presente investigação.

1.5 APLICAÇÕES DOS NANOCOMPÓSITOS POLIMÉRICOS

A incorporação de NPs numa matriz polimérica conduziu a várias aplicações significativas em diversos domínios da ciência. A degradação fotocatalítica do azul de metileno a 98% em águas residuais pode ser conseguida através da modificação da polianilina (PANI) em compósitos de óxido de níquel/PANI/óxido de grafeno.[105] A fragilidade e os limites hidrofóbicos do polipropileno foram ultrapassados através da sua modificação superficial com grupos funcionais polares contendo dopamina, seguida da preparação de nanocompósitos com NPs de SiO_2 .[106] A incorporação de NPs de sílica em poli (etilenoglicol DOPA-mPEG) mostrou alterações dramáticas nas propriedades mecânicas dos polímeros de baixo peso molecular.[107] A mistura de quitosano (CS)/PVP reforçada com amido nanométrico foi utilizada para aplicações de cicatrização de feridas *in vitro* devido às suas propriedades de barreira, ao seu comportamento de inchaço e à sua boa compatibilidade com o sangue.[108] As películas de PVA/PVP incorporadas com óxido de grafeno foram preparadas através do método de fundição em solução para o fabrico de aplicações de baterias de estado sólido.[109] Os PNCs sintetizados de forma eficiente através da incorporação adequada de NPs na matriz hospedeira também resultaram em propriedades de absorção não linear melhoradas que podem ser úteis para o fabrico de dispositivos optoelectrónicos.[110] A Figura 1.2 mostra as aplicações dos PNCs em vários domínios.

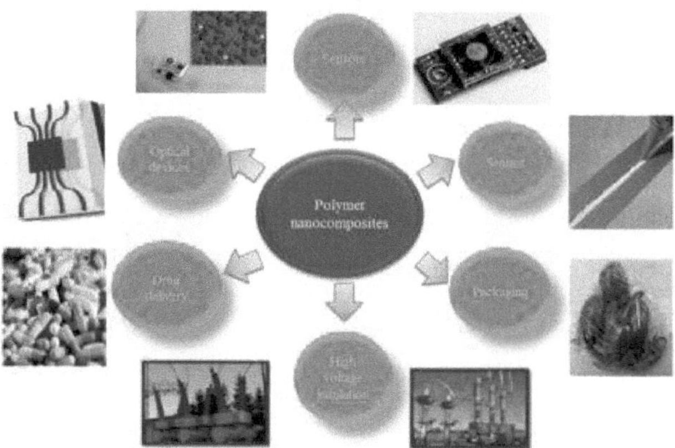

Figura 1.2: Aplicações dos nanocompósitos poliméricos

A ênfase principal da presente investigação está nos estudos não lineares e biológicos dos PNCs sintetizados.

1.   6ESTUDOS DE ÓPTICA NÃO LINEAR

As propriedades NLO dos nanomateriais são uma área de investigação fascinante, tendo em conta as suas aplicações como limitadores ópticos, elementos de comutação ótica, sondas de imagiologia em microscopia multifotónica, etc.[111] A conceção de nanomateriais com uma grande não linearidade ótica é, assim, uma motivação para a utilização prática dos nanomateriais nestas aplicações. A ótica não linear refere-se ao estudo da resposta não linear de um material a um feixe laser altamente intenso.[112] No entanto, a probabilidade desta transição é muito pequena, pelo que a resposta não linear dos materiais não foi observada com fontes de luz normais. A primeira observação da resposta não linear surgiu com a invenção do laser em 1960.[113]

Em 1961, Kaiser e Garnett observaram a fluorescência induzida por absorção de dois fotões (2PA) no cristal de CaF_2 dopado com iões Eu^{2+}.[114] A 2PA, por eles observada, é um processo instantâneo que envolve a absorção simultânea de dois fotões do seu estado inicial para o estado final através de um estado virtual intermédio. O momento angular, neste caso, varia em +2, 0 ou -2. A investigação na área da ótica não linear começou desde então numa grande variedade de materiais, como semicondutores, nanomateriais, moléculas orgânicas, etc.[115,116] Com o progresso na área da ótica não linear, é agora possível observar processos não lineares de ordem superior, como a absorção de três fotões, a absorção de quatro fotões e a absorção de cinco fotões.[117]

Alguns materiais apresentam propriedades NLO, como a absorção saturable inversa e a absorção saturable, que encontraram aplicações na área comercial como processadores de sinais ópticos, comutadores ópticos, etc.[118] Os limitadores ópticos são basicamente dispositivos que apresentam uma transmitância reduzida em função da intensidade. Os mecanismos de absorção não linear acima referidos contribuem para o fabrico de limitadores ópticos eficientes. A absorção saturável inversa ocorre quando a absorção no estado excitado é maior do que a absorção no estado fundamental. [119] O branqueamento da população no estado fundamental resulta numa absorção saturável em que o coeficiente de absorção diminui com o aumento da intensidade.[120-122] As NPs metálicas apresentam excelentes propriedades ópticas não lineares. Apresentam uma absorção saturável a intensidades mais baixas e observa-se uma mudança para uma absorção saturável inversa a intensidades elevadas.[123] A intensidade a que ocorre a mudança depende do tamanho e da forma das NPs. As NPs de Au apresentam uma boa absorção não linear nos comprimentos de onda do infravermelho (IV) e, por conseguinte, são adequadas para aplicações biológicas.[124]

Os recentes avanços na ciência dos materiais permitem-nos sintetizar nanocompósitos, que são materiais sólidos multifásicos com múltiplas fases em que uma das fases está confinada de modo a que as suas dimensões sejam inferiores a 100 nm. Os nanocompósitos oferecem a vantagem de ajustar as propriedades através da combinação adequada de materiais. As propriedades exibidas pelos nanocompósitos dependem de muitos factores, tais como as propriedades das fases constituintes, a sua proporção relativa, bem como a geometria da fase dispersa. A SPR, os efeitos do tamanho quântico e o ambiente dielétrico das NPs metálicas resultam em propriedades não lineares de terceira ordem superiores. Em comparação com os materiais monocomponentes, os PNCs apresentam propriedades NLO de terceira ordem melhoradas através da incorporação de NPs metálicas, semicondutores, corantes, etc.[125-127] Devido às suas propriedades únicas de absorção e refração não lineares, a inclusão de NPs Ag/Au pode levar a uma maior não linearidade. O aumento dependente da concentração em PNCs de Ag foi relatado por Chen et al. e o aumento máximo foi observado na fração de volume de 58%. [128]

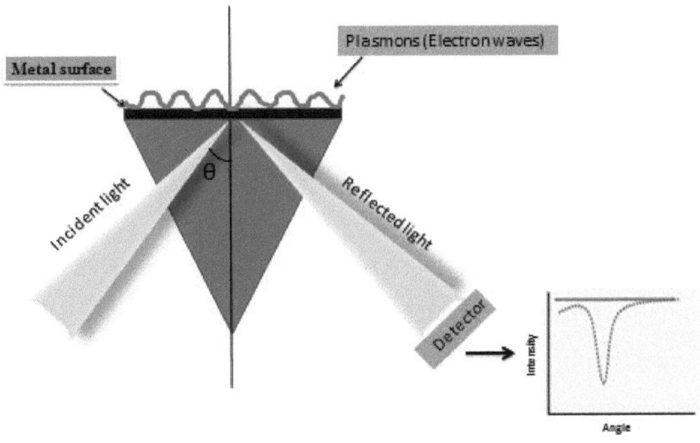

Figura 1.3: Representação esquemática dos fenómenos SPR

Os aumentos de ressonância do campo elétrico local foram aplicáveis ao aumento das propriedades NLO das NPs Au e dos núcleos Ag/Au.[129] Karthikeyan et al. relataram a resposta não linear a impulsos laser de nanossegundos de película de nanocompósito Ag/Au na matriz de PVA para excitações ópticas ressonantes e não ressonantes. Em comprimentos de onda e intensidades de bombagem adequados, estes materiais podem ser utilizados como absorventes saturáveis e limitadores ópticos.[130] Foi estudada a propriedade 2PA e limitadora ótica do poli (anidrido maleico de estireno (PSMA)/TiO_2 . Aqui, a propriedade ótica não linear depende principalmente do estado da superfície e do confinamento dielétrico, e também da percentagem em peso de TiO_2 nos nanocompósitos.[131] As películas de mistura PVA/PVP dopadas com NPs Ag/Au apresentaram propriedades NLO utilizando impulsos laser Nd:YAG de 7 ns a 532 nm e ambos os nanocompósitos apresentaram absorção saturável inversa.[132] Divyasree et al. relataram a síntese de ZnSe/PVP NCs por ablação por impulsos laser com laser Nd:YAG a 532 nm. O material apresenta um intervalo de banda que é aplicável no domínio da optoelectrónica.[133]

As diferentes formas das NP dispersas na matriz polimérica podem alterar as propriedades dos nanocompósitos. As nanofibras de polímero electrospun incorporadas com nanopartículas servem de plataforma para a propagação da luz.[88,134] O alinhamento correto das NPs metálicas nas nanofibras cria uma enorme densidade de pontos quentes e, por conseguinte, pode levar a uma maior não linearidade. Os efeitos NLO combinados com propriedades biológicas em materiais poliméricos podem conduzir a possibilidades vantajosas no diagnóstico e tratamento médicos, com aplicações promissoras em terapia foto-térmica, microscopia multifotónica e ablação laser melhorada de sistemas biológicos.[90] No entanto, os estudos de absorção não linear em nanofibras electrospun são muito limitados. Em particular, o papel da morfologia das fibras no aumento da absorção não linear através da interação luz-matéria é menos investigado. Neste trabalho, foram sintetizados nanocompósitos de polímeros de metais nobres com NPs de Ag/Au e nanofibras compósitas Ag/Au electrofiadas. Foi investigada a absorção não linear dos nanocompósitos através da alteração da morfologia das NPs dispersas na matriz polimérica, utilizando a experiência Z-scan, e os resultados foram comparados.

1.7   ESTUDOS BIOLÓGICOS

O impacto da nanotecnologia nos últimos anos levou a um avanço no domínio da bioengenharia.[135] Vários polímeros ganharam importância neste domínio devido à sua biocompatibilidade e biodegradabilidade. Os nanocompósitos aumentam ainda mais estas propriedades e conduzem a uma versatilidade neste domínio. Podem ser sintetizados novos materiais através da seleção adequada de um biopolímero e de um nanocarregador para aplicações específicas. Os nanocompósitos híbridos representam a combinação de diversas funcionalidades de materiais individuais que apresentam um bom potencial para aplicações terapêuticas e de diagnóstico. A bioimagem e o tratamento de doenças são domínios importantes em que estes nanocompósitos são úteis. A aplicabilidade destes nanocompósitos depende em grande medida das interações entre o material de enchimento e a matriz, do tipo e da concentração do material de enchimento.[136-139]

O desenvolvimento de novos materiais antimicrobianos com maior atividade antibacteriana proporciona resistência às infecções. As NPs são específicas para determinadas bactérias e esta é a razão da sua utilização superior como agentes antibacterianos. Espera-se que as NPs metálicas, devido ao seu efeito de campo localizado, aumentem a densidade local de carga positiva no sistema e promovam a sua adsorção a membranas bacterianas carregadas negativamente através de interações electrostáticas. Isto resulta num aumento das propriedades antibacterianas e da difusividade na membrana bacteriana, actuando assim como agentes antibacterianos eficazes.[140] Mansour et al. relataram a atividade antibacteriana em duas bactérias, *E. Coli* e *Staph. Auerus* por nanocompósitos de PVA/PANI/Ag utilizando o método de difusão em disco.[141] A Ag apresenta boas propriedades antibacterianas devido à sua capacidade de se ligar a grupos dadores de electrões em moléculas biológicas, tais como S, N, etc. Além disso, pode ligar-se eficazmente à parede celular bacteriana e formar radicais livres que podem ajudar a penetrar na membrana celular.[141] Estas NPs têm propriedades ópticas excepcionais que as tornam úteis no fabrico de equipamento médico.[142] Têm aplicações potenciais no domínio dos estudos de sensores, engenharia de tecidos, imagiologia médica, etc. O seu grande rácio superfície-volume facilita o revestimento com moléculas terapêuticas para uma administração eficaz de medicamentos.[143] O nanocompósito Ag/PVP foi também investigado e mostrou boas propriedades antimicrobianas contra estirpes bacterianas e fúngicas.[144]

A pele, o tecido mole que reveste os vertebrados, constitui cerca de 8% da massa corporal total.[145] A pele normal é composta pela epiderme (camada mais externa) e pela derme (camada interna ou mais profunda) que se encontram em equilíbrio estável, formando uma barreira protetora contra o ambiente externo. A cicatrização de feridas é um processo complexo em que a pele se repara a si própria após uma lesão. O processo fisiológico natural de cicatrização de feridas é conseguido através de quatro fases precisas e altamente programadas: hemostase, inflamação, proliferação e remodelação.[146] O material de cobertura de feridas pode ser descrito como um material estéril que evita danos nas lesões à superfície da pele. Um bom material de penso para feridas deve ser capaz de proteger as feridas de quaisquer infecções, reduzir a taxa de crescimento da ferida, evitar a sua secura e atuar como um bom agente absorvente para a absorção de fluidos na superfície da ferida. Antigamente, os extractos naturais de plantas eram utilizados como camadas protectoras contra as feridas. Com o avanço da tecnologia, estes materiais naturais foram substituídos por materiais artificiais para o tratamento de feridas que possuem propriedades superiores. Existem vários suportes, tais como películas, membranas, fibras e géis, que foram avaliados para gerar pele como substitutos dérmicos. [147,148] As NPs e os fragmentos biologicamente activos que se combinam para formar nanocompósitos são ideais para aplicações de cicatrização de feridas.[149] Estas aplicações são vitais para o tratamento de feridas de diabéticos que são geralmente mais susceptíveis a infecções.[150]

A elevada inércia química e a propriedade SPR das NPs de Ag são utilizadas para a preparação de nanocompósitos híbridos.[151] Também é utilizada para o desenvolvimento de nanocompósitos de quitosano para aplicações de terapia fototérmica.[152] As NPs de Ag, incorporadas numa película de formaldeído de melamina de álcool polivinílico, são utilizadas para o tratamento de feridas em doentes diabéticos.[153] A boa biocompatibilidade e biodegradabilidade fazem do PVA um material eficaz para o tratamento de feridas. As proteínas do leite são uma boa fonte de péptidos bioactivos e servem como agentes antidiabéticos muito bons.[154] As nanofibras electrospun de CAN, PVA e Ag amalgamam as propriedades de todos estes materiais num único composto, produzindo assim um material com boas propriedades de penso para feridas.

1.8ÂMBITO   E OBJECTIVOS DO PRESENTE TRABALHO

Os limites convencionais das ciências físicas e das ciências dos materiais podem ser ultrapassados com investigação de ponta no domínio das modificações de polímeros. Estas modificações destinam-se a conferir ao material recém-sintetizado as propriedades desejadas, tais como maior estabilidade térmica, biocompatibilidade, elevada resistência à tração, aumento das propriedades ópticas, etc. As misturas de polímeros representam uma técnica de fusão em que as interações específicas entre as porções de polímero resultam em propriedades híbridas do material resultante. A preparação de PNCs ajuda a alcançar o objetivo ilusório de aumentar o desempenho da aplicação. As nanofibras electrospun demonstram aplicações prospectivas em optoelectrónica e estudos biológicos devido à sua grande área de superfície.

O principal objetivo do presente trabalho é estudar as propriedades ópticas não lineares do polímero puro, dos seus nanocompósitos Ag/Au e das suas nanofibras. As propriedades biológicas das amostras preparadas também são investigadas. Os objectivos importantes da presente investigação são os seguintes:

a) Preparar copolímeros modificados, misturas, nanocompósitos e nanofibras electrospun.

b) Investigar a sua morfologia, propriedades térmicas e mecânicas.

c) Estudar os efeitos das propriedades ópticas lineares e não lineares nos nanocompósitos poliméricos e nas nanofibras compósitas.

d) Investigar a viabilidade celular e os estudos antibacterianos, a fim de analisar a importância biológica dos nanocompósitos poliméricos contendo Ag e das suas nanofibras.

e) Comparar os resultados com base nas propriedades ópticas não lineares e nas aplicações biológicas das nanofibras e dos filmes.

Espera-se que este estudo forneça informações sobre as propriedades ópticas não lineares dos nanomateriais e forneça uma plataforma para a engenharia de dispositivos optoelectrónicos.

Também oferece possibilidades no domínio da terapia fototérmica. Os trabalhos de extensão e os trabalhos futuros planeados são enumerados a seguir:

i) Preparação de hidrogéis de nanocompósitos CAN/PVA e CAN/PVP.

ii) Preparação de nanobastões de Ag e Au e seus nanocompósitos para estudar o efeito da alteração dimensional do nanomaterial nas propriedades ópticas não lineares e biológicas.

iii) Estudos de docagem molecular para compreender a interação fármaco-recetor utilizando os nanocompósitos poliméricos.

REFERÊNCIAS

1. Namazi, H. Polymers in Our Daily Life [Polímeros no nosso quotidiano]. *BioImpacts* **2017**, *7* (2), 73-74.

2. Xie, X.; Li, D.; Tsai, T.-H.; Liu, J.; Braun, P. V.; Cahill, D. G. Condutividade térmica, capacidade térmica e constantes elásticas de polímeros solúveis em água e misturas de polímeros. *Macromolecules* **2016**, *49* (3),972-978.

3. Jaymand, M. Recent Progress in the Chemical Modification of Syndiotactic Polystyrene (Progressos recentes na modificação química do poliestireno sindiotáctico). *Polym. Chem.* **2014**, *5* (8), 2663-2690.

4. Kulkarni, V.; Butte, K.; Rathod, S. Natural Polymers - A Comprehensive Review. *Int. J. Res. Pharm. Biomed. Sci.* **2012**, *3* (4), 1597-1613.

5. Wei, Q.; Deng, N.; Guo, J.; Deng, J. Synthetic Polymers for Biomedical Applications ,. *Int. J. Biomater.* **2018**, *2018*, 2-3.

6. Kafodya, I.; Xian, G.; Li, H. Estudo da durabilidade de placas de CFRP pultrudidas imersas em água e água do mar sob flexão sustentada: Absorção de água e efeitos sobre as propriedades mecânicas. *Compos. Part B Eng.* **2015**, *70*, 138-148.

7. Thomas,S.; Maya, J. J. *Natural Polymers: Volume 1: Compósitos*; 2013.

8. Wang, H.-Y.; Wu, Y.; Leong, C. F.; D'Alessandro, D. M.; Zuo, J.-L. Estruturas cristalinas, propriedades magnéticas e propriedades electroquímicas de polímeros de coordenação baseados no ligando tetra(4-piridil)-tetratiafluvaleno. *Inorg. Chem.* **2015**, *54* (22), 10766-10775.

9. Thomas,S.; Ponnamma,D.; Zachariah,A.K. *Polymer Processing and Characterization*; 2012,1-168.

10. hakur, M. K.; Thakur, V. K.; Gupta, R. K.; Pappu, A. Síntese e aplicações de copolímeros de enxerto biodegradáveis à base de soja: A Review. *ACS Sustain. Chem. Eng.* **2016**, *4* (1), 1-17.

11. Huang, T.; Xin, Y.; Li, T.; Nutt, S.; Su, C.; Chen, H.; Liu, P.; Lai, Z. Modi Fi Ed Graphene / Polyimide Nanocomposites : Reforço e efeitos tribológicos. *ACS Appl. Mater. Interfaces* **2013**, *5*, 4878-4891.

12. Labbe, P.; Donval, A.; Hierle, R.; Toussaere, E.; Zyss, J. Electro-Optic Polymer Based Devices and Technology for Optical Telecommunication. *Comptes Rendus Phys.* **2002**, *3* (4), 543-554.

13. Maitz, M. F. Aplicações de polímeros sintéticos em medicina clínica. *Biosurface and Biotribology* **2015**, *1* (3), 161-176.

14. Pillay, V.; Seedat, A.; Choonara, Y. E.; du Toit, L. C.; Kumar, P.; Ndesendo, V. M. K. Uma revisão das técnicas de refabricação polimérica para modificar as propriedades do polímero para aplicações biomédicas e de administração de medicamentos. *AAPS PharmSciTech* **2013**, *14* (2), 692-711.

15. Charles E. Carraher, J. Modification of Polymers (Modificação de Polímeros). *Am. Chem. Soc.* **1980**, *21*, 1-4.

16. Blasco, E.; Sims, M. B.; Goldmann, A. S.; Sumerlin, B. S.; Barner-Kowollik, C. Perspetiva do 50° aniversário: Funcionalização de polímeros. *Macromolecules* **2017**, *50* (14), 5215-5252.

17. Ginn, B. T.; Steinbock, O. Polymer Surface Modification Using Microwave-Oven-Generated Plasma. *Langmuir* **2003**, *19*, 8117-8118.

18. Mason, C. R.; Maynard-atem, L.; Heard, K. W. J.; Satilmis, B.; Budd, P. M.; Friess, K.; Lanc, M.; Bernardo, P.; Clarizia, G.; Jansen, J. C. Aprimoramento da Ffi Nidade de CO 2 A em um

Polímero de Microporosidade Intrínseca por Amine Modi Fi Cation. *Macromolecules* **2014**, *47* (3), 1021-1029.

19. Reinicke, S.; Espeel, P.; Stamenović, M. M.; Du Prez, F. E. One-Pot Double Modification of p(NIPAAm): Uma ferramenta para projetar polímeros multiresponsivos feitos sob medida. *ACS Macro Lett.* **2013**, *2* (6), 539-543.

20. Laurichesse, S.; Avérous, L. Chemical Modification of Lignins: Towards Biobased Polymers. *Prog. Polym. Sci.* **2014**, *39* (7), 1266-1290.

21. Çaykara, T.; Demirci, S. Preparação e Caracterização de Filmes de Mistura de Poli(Álcool Vinílico) e Alginato de Sódio. *J. Macromol. Sci. Part A* **2006**, *43* (7), 1113-1121.

22. Liao, Y.; Anderson, C. A.; Philip, A.; Akelaitis, A. J. P.; Bruce, H.; Dalton, L. R. Electro-Optical Properties of Polymers Containing Alternating NLO Chromophores and Bulky Spacers. *Chem. Mater.* **2006**, *18* (4), 1062-1067.

23. Rioux, M.; Ledemi, Y.; Morency, S.; De Lima Filho, E. S.; Messaddeq, Y. Caracterizações ópticas e elétricas de vidro de fosfato de prata multifuncional e fibras ópticas à base de polímero. *Sci. Rep.* **2017**, *7* (março), 1-11.

24. Hayashi, M.; Matsushima, S.; Noro, A.; Matsushita, Y. Melhoria da propriedade mecânica dos elastómeros à base de copolímero de bloco ABA através da incorporação de ligações cruzadas transitórias no bloco médio macio. *Macromolecules* **2015**, *48* (2), 421-431.

25. Sultanova, N.; Kasarova, S.; Nikolov, I. Advanced Applications of Optical Polymers . *Bulg. J. Phys.* **2016**, *43* (3), 243-250.

26. Bockstaller, M. R.; Thomas, E. L. Optical Properties of Polymer-Based Photonic Nanocomposite Materials. *J. Phys. Chem. B* **2003**, *107* (37), 10017-10024.

27. Du, H.; Xu, G. Q.; Chin, W. S.; Huang, L.; Ji, W. Síntese, Caracterização e Propriedades Ópticas Não Lineares de Nanocompósitos de CdS-Poliestireno Hibridizados. *ACS chem Mater.* **2002**, *14* (14), 4473-4479.

28. Becker, M. R.; Stefani, V.; Correia, R. R. B.; Bubeck, C.; Jahja, M.; Forte, M. M. C. Propriedades Ópticas de Guias de Onda de Poliestireno Dopado com Derivados de P-Nitroanilina. *Opt. Mater. (Amst).* **2010**, *32* (11), 1526-1531.

29. Mun, H. Y.; Jeong, H. C.; Lee, J. H.; Won, J. H.; Park, H. G.; Oh, B. Y.; Seo, D. S. Filmes de poli(estireno-anidrido maleico) como camadas de alinhamento para sistemas de cristais líquidos: Via Irradiação por Feixe de Iões. *RSC Adv.* **2016**, *6* (80), 76743-76747.

30. Kajal, A.; Bala, S.; Kamboj, S.; Sharma, N.; Saini, V. Bases de Schiff: A Versatile Pharmacophore. *J. Catal.* **2013**, *2013*, 1-14.

31. Jia, Y.; Li, J. Montagem molecular de interações de bases de Schiff: Construção e Aplicação. *Chem. Rev.* **2015**, *115* (3), 1597-1621.

32. Liao, Z.; Dong, C.; Carlson, K. E.; Srinivasan, S.; Nwachukwu, J. C.; Chesnut, R. W.; Sharma, A.; Nettles, K. W.; Katzenellenbogen, J. A.; Zhou, H. As bases Schi Ff substituídas por triaril são ligandos selectivos de subtipo de alta qualidade para o recetor de estrogénio. **2014**.

33. Bhat, K.; Chang, K. J.; Aggarwal, M. D.; Wang, W. S.; Penn, B. G.; Frazier, D. O. Síntese e caraterização de várias bases de Schiff para aplicações ópticas não lineares. *Mater. Chem. Phys.* **1996**, *44* (3), 261-266.

34. Bhat, K.; Choi, J.; McCall, S. D.; Aggarwal, M. D.; Cardelino, B. H.; Moore, C. E.; Penn, B. G.; Frazier, D. O.; Sanghadasa, M.; Barr, T. A. Theoretical and Experimental Study of the Second-Order Polarizabilities of Schiff's Bases for Nonlinear Optical Applications. *Comput. Mater. Sci.* **1997**, *8* (4), 309-316.

35. Dong, Y. Bin; Wang, L.; Ma, J. P.; Zhao, X. X.; Shen, D. Z.; Huang, R. Q. Complexos de Ag(I) gerados a partir de ligandos de base de Schiff dupla com tiazóis como locais de ligação terminal. *Cryst. Growth Des.* **2006**, *6* (11), 2475-2485.

36. Pesek, J. J.; Frost, J. H. Síntese de Iminas a partir de Aldeídos Aromáticos e Aminas Alifáticas em Solução Aquosa. *Synth. Commun.* **1974**, *4* (6), 367-372.

37. Joseph, J.; Mary, N. L.; Sidambaram, R. Síntese, Caracterização e Atividade Antibacteriana das Bases de Schiff Derivadas de Tiossemicarbazida, Salicilaldeído, 5-Bromosalicilaldeído e dos seus Complexos de Cobre(II) e Níquel(II). *Synth. React. Inorgânica, Met. Nano-Metal Chem.* **2010**, *40* ,930-933.

38. Zhang, Y.; Liu, Q.; Jing, H.; Cai, Y.; Wang, Q.; Li, Y. Síntese, Caracterização e Atividade Antimicrobiana de Dois Complexos de Prata (I) de Base de Schiff Derivados do 4-Carboxibenzaldeído. *J. Coord. Chem.* **2017**, *8972* ,1-12.

39. Şenol, D.; Kaya, İ. Síntese e Caracterização de Polímeros de Azometina Contendo Grupos Éter e Éster. *J. Saudi Chem. Soc.* **2017**, *21* (5), 505-516.

40. Kumar, S.; Kumari, M.; Dutta, P. K.; Koh, J. Base de Schiff de Biopolímero de Quitosano: Preparação, Caracterização, Ótica, e Atividade Antibacteriana. *Int. J. Polym. Mater. Polym. Biomater.* **2014**, *63* (4), 173-177.

41. Isa, N. M.; Baharin, R.; Majid, R. A.; Rahman, W. A. W. A. Propriedades ópticas do polímero conjugado: Revisão do seu Mecanismo de Mudança para Sensor de Radiação Ionizante. *Polym. Adv. Technol.* **2017**, *28* (12), 1559-1571.

42. Knoll, W. Optical Properties of Polymers (Propriedades ópticas dos polímeros). *Mater. Sci. Technol.* **2006**, 1.

43. Oehr, C. Plasma Surface Modification of Polymers for Biomedical Use (Modificação da superfície de polímeros por plasma para utilização biomédica). *Nucl. Instruments Methods Phys. Res. Sect. B Beam Interact. with Mater. Atoms* **2003**, *208* (1-4), 40-47.

44. Thomas,S.; Shanks,R.; Chandran, S. Nanostructured Polymer Blends 1st Edition. In *Elsevier*; 2014; 1-576.

45. Diarisso, A.; Fall, M.; Raouafi, N. Elaboração de um sensor químico baseado em polianilina e sal de diazónio de ácido sulfanílico para a deteção altamente sensível de iões de nitrito em meios aquosos acidificados. *Environ. Sci. Water Res. Technol.* **2018**, 1-12.

46. Fekete, E.; Földes, E.; Pukánszky, B. Effect of Molecular Interactions on the Miscibility and Structure of Polymer Blends (Efeito das interações moleculares na miscibilidade e estrutura das misturas de polímeros). *Eur. Polym. J.* **2005**, *41* (4), 727-736.

47. Das, G.; Banerjee, A. N. Role of Methods of Blending on Polymer-Polymer Compatibility (Papel dos métodos de mistura na compatibilidade polímero-polímero). *J. Appl. Polym. Sci.* **1996**, *61* (9), 1473-1478.

48. Meaurio, E.; Zuza, E.; Sarasua, J. R. Medição direta da entalpia de mistura em misturas miscíveis de poli(DL-lactido) com poli(vinilfenol). *Macromolecules* **2005**, *38* (22), 9221-9228.

49. Higgins, J. S.; Lipson, J. E. G.; White, R. P. A Simple Approach to Polymer Mixture Miscibility. *Philos. Trans. R. Soc. A Math. Phys. Eng. Sci.* **2010**, *368* (1914), 1009-1025.

50. Young, N. P.; Balsara, N. P. Controlando a miscibilidade em misturas de polímeros Nicholas. *Encicl. Polym. Nanomater.* **2013**, 1-5.

51. Masnada, E. M.; Julien, G.; Long, D. R. Mapas de miscibilidade para misturas de polímeros: Efeitos da temperatura, pressão e peso molecular. *J. Polym. Sci. Part B Polym. Phys.* **2014**, *52* (6), 419-443.

52. Wei, Q.; Wang, Y.; Che, Y.; Yang, M.; Li, X.; Zhang, Y. Molecular Mechanisms in Compatibility and Mechanical Properties of Polyacrylamide/Polyvinyl Alcohol Blends (Mecanismos moleculares na compatibilidade e propriedades mecânicas de misturas de poliacrilamida/álcool polivinílico). *J. Mech. Behav. Biomed. Mater.* **2017**, *65*, 565-573.

53. Hao, X.; Kaschta, J.; Liu, X.; Pan, Y.; Schubert, D. W. Entanglement Network Formed in Miscible PLA/PMMA Blends and Its Role in Rheological and Thermo-Mechanical Properties of the Blends. *Polym. (Reino Unido)* **2015**, *80*, 38-45.

54. Suresh, K. I.; Jaikrishna, M. Synthesis of Novel Crosslinkable Polymers by Atom Transfer Radical Polymerization of Cardanyl Acrylate. *J. Polym. Sci. Part A Polym. Chem.* **2005**, *43* (23), 5953-5961.

55. Rutiaga, M. O.; Galan, L. J.; Morales, L. H.; Gordon, S. H.; Imam, S. H.; Orts, W. J.; Glenn, G. M.; Niño, K. A. Mechanical Property and Biodegradability of Cast Films Prepared from Blends of Oppositely Charged Biopolymers. *J. Polym. Environ.* **2005**, *13* (2), 185-191.

56. Lin, S.; Gu, L. Influence of Crosslink Density and Stiffness on Mechanical Properties of Type I Collagen Gel (Influência da densidade e rigidez das ligações cruzadas nas propriedades mecânicas do gel de colagénio tipo I). *Materiais (Basileia).* **2015**, *8* (2), 551-560.

57. Sheng, T.; Xu, Y.-F.; Jiang, Y.-X.; Huang, L.; Tian, N.; Zhou, Z.-Y.; Broadwell, I.; Sun, S.-G. Structure Design and Performance Tuning of Nanomaterials for Electrochemical Energy Conversion and Storage [Conceção da estrutura e afinação do desempenho de nanomateriais para conversão e armazenamento eletroquímico de energia]. *Acc. Chem. Res.* **2016**, *49* (11), 2569-2577.

58. Khan, I.; Saeed, K.; Khan, I. Nanopartículas: Properties, Applications and Toxicities (Propriedades, Aplicações e Toxicidade). *Arab. J. Chem.* **2017** , 1-5.

59. Prakash Sharma, V.; Sharma, U.; Chattopadhyay, M.; Shukla, V. N. Advance Applications of Nanomaterials: A Review. *Mater. Hoje Proc.* **2018**, *5* (2), 6376-6380.

60. Biener, J.; Wittstock, A.; Baumann, T. F.; Weissmüller, J.; Bäumer, M.; Hamza, A. V. Surface Chemistry in Nanoscale Materials. *Materials (Basileia).* **2009**, *2* (4), 2404-2428.

61. Guisbiers, G.; Mejía-Rosales, S.; Leonard Deepak, F. Nanomaterial Properties: Dependências de tamanho e forma. *J. Nanomater.* **2012**, *2012,* 1-12.

62. Raymond, F. Nanocomposite and Nanostructured Coatings: Avanços recentes. Nanotechnology Applications in Coatings. *ACS Symp. Ser.* **2009**, *108*, 2-21.

63. Zawodzki, M.; Resel, R.; Sferrazza, M.; Kettner, O.; Friedel, B. Morfologia Interfacial e E Ff Ects no Desempenho do Dispositivo

de Células Solares de Heterojunção de Camada Dupla Orgânica. *ACS Appl. Mater. Interfaces* **2015**, *7* (30), 16161-16168.

64. Pokropivny, V. V.; Skorokhod, V. V. Classificação de nanoestruturas por dimensionalidade e conceito de engenharia de formas de superfície na ciência dos nanomateriais. *Mater. Sci. Eng. C* **2007**, *27* (5-8 SPEC. ISS.), 990-993.

65. Jain, P. K.; Huang, X.; El-Sayed, I. H.; El-Sayed, M. A. Revisão de algumas propriedades interessantes de nanopartículas de metais nobres com ressonância plasmônica de superfície e suas aplicações em biossistemas. *Plasmonics* **2007**, *2* (3), 107-118.

66. Yeh, Y.-C.; Creran, B.; Rotello, V. M. Gold Nanoparticles: Preparação, Propriedades e Aplicações em Bionanotecnologia. *Nanoscale* **2012**, *4* (6), 1871-1880.

67. Xiu, Z.; Zhang, Q.; Puppala, H. L.; Colvin, V. L.; Alvarez, P. J. J. Atividade antibacteriana específica de partículas insignificante de nanopartículas de prata. *Nano Lett.* **2012**, *12* (8), 4271-4275.

68. Li, X.; Wang, L.; Fan, Y.; Feng, Q.; Cui, F. Z. Biocompatibilidade e Toxicidade de Nanopartículas e Nanotubos. *J. Nanomater.* **2012**, *2012* ,1-19.

69. Enüstün, B. V.; Turkevich, J. Coagulation of Colloidal Gold. *J. Am. Chem. Soc.* **1963**, *85* (21), 3317-3328.

70. Rama, S.; Perala, K.; Kumar, S. Sobre o Mecanismo de Síntese de Nanopartículas Metálicas no Método de Brust-Schiffrin. *Langmuir* **2013**, *29* (31), 9863-9873.

71. Das, M.; Shim, K. H. Revisão sobre nanopartículas de ouro e suas aplicações. *Toxicol. Environ. Heal. Sci. Vol.* **2011**, *3* (4), 193-205.

72. Popovtzer, R.; Agrawal, A.; Kotov,A. N.; Popovtzer,A.; Balter,J.; Carey, E. T.; Kopelman,R. As nanopartículas de ouro direcionadas permitem a imagiologia molecular por TC do cancro. *Nano Lett.*

2010, *33* (11), 1212-1217.

73. Hallett-Tapley, G. L.; Silvero, M. J.; Bueno-Alejo, C. J.; González-Béjar, M.; McTiernan, C. D.; Grenier, M.; Netto-Ferreira, J. C.; Scaiano, J. C. Supported Gold Nanoparticles as Efficient Catalysts in the Solventless Plasmon Mediated Oxidation Ofsec-Phenethyl and Benzyl Alcohol. *J. Phys. Chem. C* **2013**, *117* (23), 12279-12288.

74. Mohamed, M. M.; Fouad, S. A.; Elshoky, H. A.; Mohammed, G. M.; Salaheldin, T. A. Antibacterial Effect of Gold Nanoparticles against Corynebacterium Pseudotuberculosis. *Int. J. Vet. Sci. Med.* **2017**, *5* (1), 23-29.

75. George, N.; Thomas, A. R.; Subha, R.; Mary, N. L. Plasmon-Enhanced, Two-Photon Absorption in Schiff-Base-Modified Poly(Styrene-Co-Maleic Anhydride)-gold Nanocomposites. *J. Appl. Polym. Sci.* **2017**, *134* (46), 1-7.

76. Beyene, H. D.; Werkneh, A. A.; Bezabh, H. K.; Ambaye, T. G. Synthesis Paradigm and Applications of Silver Nanoparticles (AgNPs), a Review. *Sustain. Mater. Technol.* **2017**, *13*, 18-23.

77. González,A.L.; Noguez, C.; J. Beránek,J.; Barnard,A.S. Size, Shape, Stability, and Color of Plasmonic Silver Nanoparticles. *J. Phys. Chem. C* **2014**, *118*, 9128-9136.

78. Liu, Y.; Schlottig, G.; Wolf, H.; Sotiriou, G. A.; Brunschwiler, T. Direted Self-Assembly of Nanoparticles for Novel Electrical Interconnects. Na *4ª Conferência de Tecnologia de Integração de Sistemas Electrónicos de 2012,* 2012, 1-7.

79. Sun, L.; Zhao, D.; Ding, M.; Xu, Z.; Zhang, Z.; Li, B.; Shen, D. Controllable Synthesis of Silver Nanoparticle Aggregates for Surface-Enhanced Raman Scattering Studies. *J. Phys. Chem. C*

2011, *115* (33), 16295-16304.

80. Gunasekaran, T.; Nigusse, T.; Dhanaraju, M. D. Silver Nanoparticles as Real Topical Bullets for Wound Healing. *J. Am. Coll. Clin. Wound Spec.* **2011**, *3* (4), 82-96.

81. Adhya, A.; Bain, J.; Dutta, G.; Hazra, A.; Majumdar, B.; Ray, O.; Ray, S.; Adhikari, S. Healing of Burn Wounds by Topical Treatment: A Randomized Controlled Comparison between Silver Sulfadiazine and Nano-Crystalline Silver. *J. Basic Clin. Pharm.* **2015**, *6* (1), 29.

82. Brown, P. K.; Qureshi, A. T.; Moll, A. N.; Hayes, D. J.; Monroe, W. T. Sistema de entrega de drogas antisense em nanoescala de prata para silenciamento de genes fotoativados. *ACS Nano* **2013**, *20* (10), 1-12.

83. Corrêa, J. M.; Mori, M.; Sanches, H. L.; Cruz, A. D. Da; Poiate, E.; Poiate, I. A. V. P. Nanopartículas de prata em biomateriais odontológicos. *Int. J. Biomater.* **2015**, *2015*, 1-10.

84. Gleiter, H. Materiais nanoestruturados: Conceitos básicos e microestrutura. *Ata mater. 48* **2000**, *48*, 1-29.

85. Tianyou Zhai, J. Y. *One-Dimensional Nanostructures: Principles and Applications*; Wiley, 2013.

86. Huang, Z. M.; Zhang, Y. Z.; Kotaki, M.; Ramakrishna, S. A Review on Polymer Nanofibers by Electrospinning and Their Applications in Nanocomposites. *Compos. Sci. Technol.* **2003**, *63* (15), 2223-2253.

87. Shi, X.; Zhou, W.; Ma, D.; Ma, Q.; Bridges, D.; Ma, Y.; Hu, A. Electrospinning of Nanofibers and Their Applications for Energy Devices. *J. Nanomater.* **2015**, *2015*, 1-21.

88. Yu, J.; Liao, F.; Liu, F.; Gu, F.; Zeng, H. Fluorescência aprimorada por superfície em nanofibras de polímero dopadas com

nanopartículas metálicas via excitação por guia de ondas. *Appl. Phys. Lett.* **2017**, *110* (16),1-8.

89. Chang, C.-C.; Huang, C.-M.; Chang, Y.-H.; Kuo, C. Enhancement of Light Scattering and Photoluminescence in Electrospun Polymer Nanofibers. *Opt. Express* **2010**, *18, 2*, A174-A184.

90. Riley, R. S.; Day, E. S. Gold Nanoparticle-Mediated Photothermal Therapy: Applications and Opportunities for Multimodal Cancer Treatment (Aplicações e oportunidades para o tratamento multimodal do cancro). *Wiley Interdiscip. Rev. Nanomedicina Nanobiotecnologia* **2017**, *9* (4), 1-16.

91. Xue, J.; Xie, J.; Liu, W.; Xia, Y. Electrospun Nanofibers: New Concepts, Materials, and Applications. *Acc. Chem. Res.* **2017**, *50* (8), 1976-1987.

92. Luo, C. J.; Nangrejo, M.; Edirisinghe, M. A Novel Method of Selecting Solvents for Polymer Electrospinning. *Polymer (Guildf)*. **2010**, *51* (7), 1654-1662.

93. Nurwaha, D.; Han, W.; Wang, X. Effects of Processing Parameters on Electrospun Fiber Morphology (Efeitos dos parâmetros de processamento na morfologia das fibras electrospun). *J. Text. Inst.* **2013**, *104* (4), 419-425.

94. Camposeo, A.; Persano, L.; Pisignano, D. Light-Emitting Electrospun Nanofibers for Nanophotonics and Optoelectronics. *Macromol. Mater. Eng.* **2013**, *298* (5), 487-503.

95. Soujanya, G. K.; Hanas, T.; Chakrapani, V. Y.; Sunil, B. R.; Kumar, T. S. S. Electrospun Nanofibrous Polymer Coated Magnesium Alloy for Biodegradable Implant Applications. *Procedia Mater. Sci.* **2014**, *5*, 817-823.

96. Jin, M.; Zhang, X.; Emeline, A. V.; Liu, Z.; Tryk, D. A.; Murakami, T.; Fujishima, A. Fibrous TiO_2-SiO_2 Nanocomposite

Photocatalyst. *Chem. Commun.* **2006**, No. 43, 4483-4485.

97. Sullivan, S. T.; Tang, C.; Kennedy, A.; Talwar, S.; Khan, S. A. Electrospinning and Heat Treatment of Whey Protein Nanofibers. *Food Hydrocoll.* **2014**, *35*, 36-50.

98. Sam, S. T.; Nuradibah, M. A.; Ismail, H.; Noriman, N. Z.; Ragunathan, S. Recent Advances in Polyolefins/Natural Polymer Blends Used for Packaging Application. *Polym. - Plast. Technol. Eng.* **2014**, *53* (6), 631-644.

99. XIE,J.; Hsieh,L.Y. Membranas fibrosas de superfície ultra-alta a partir de electrospinning de proteínas naturais: Caseína e enzima lipase. *J. Mater. Sci.* **2003**, *38*, 2125-2133.

100. Krishnamoorthy, V.; Elumalai, G.; Rajiv, S. Síntese amiga do ambiente de nanofibras de polivinilpirrolidona e sua potencial utilização como revestimentos de sementes. *Novo J. Chem.* **2016**, *40* (4), 3268-3276.

101. Krishnamoorthy, V.; Rajiv, S. Potenciais revestimentos de sementes fabricados a partir de Hexaaminocyclotriphosphazene de electrospinning e Polivinilpirrolidona incorporada com nanopartículas de cobalto para agricultura sustentável. *ACS Sustain. Chem. Eng.* **2017**, *5* (1), 146-152.

102. Sasipriya, K.; Suriyaprabha, R.; Prabu, P.; Rajendran, V. Síntese e caraterização de nanofibras poliméricas de poli (álcool vinílico) e poli (álcool vinílico)/sílica utilizando uma configuração de electrospinning indígena. *Mater. Res.* **2013**, *16* (4), 824-830.

103. Barzegar, F.; Bello, A.; Fabiane, M.; Khamlich, S.; Momodu, D.; Taghizadeh, F.; Dangbegnon, J.; Manyala, N. Preparation and Characterization of Poly(Vinyl Alcohol)/Graphene Nanofibers Synthesized by Electrospinning. *J. Phys. Chem. Solids* **2015**, *77*,

139-145.

104. Dionisio, M.; Ricci, L.; Pecchini, G.; Masseroni, D.; Ruggeri, G.; Cristofolini, L.; Rampazzo, E.; Dalcanale, E. Mistura de polímeros através de interações hospedeiro-hóspede. *Macromolecules* **2014**, *47*, 632-638.

105. Ahuja, P.; Ujjain, S. K.; Arora, I.; Samim, M. Compósito de óxido de grafeno reduzido com polianilina decorado hierarquicamente com NiO para fotocatálise ultra-rápida acionada pela luz solar. *ACS Omega* **2018**, *3*, 7846-7855.

106. Thakur, V. K.; Vennerberg, D.; Kessler, M. R. Green Aqueous Surface Modi Fi Cation of Polypropylene for Novel Polymer Nanocomposites. *Matéria Aplicável. Interfaces* **2014**, *6*, 9349-9356.

107. Kwon, N. K.; Kim, H.; Han, I. K.; Shin, T. J.; Lee, H.; Park, J.; Kim, S. Y. Propriedades mecânicas aprimoradas de nanocompósitos de polímero usando polímeros Dopamina-Modi Fi Ed em superfícies de nanopartículas em polímeros de peso molecular muito baixo. *ACS Macro Lett.* **2018**, *7*, 962-967.

108. Poonguzhali, R.; Basha, S. K.; Kumari, V. S. Nanostarch Reinforced with Chitosan / Poly (Vinyl Pyrrolidone) Blend for in Vitro Wound Healing Application. *Polym. Technol. Eng.* **2017**, *2559* (setembro), 1-33.

109. Basha, S. K. S.; Kumar, K. V.; Sundari, G. S.; Rao, M. C. Propriedades estruturais e eléctricas de filmes de polímeros nanocompósitos de mistura de PVA / PVP dopados com óxido de grafeno. *Adv. Mater. Sci. Eng.* **2018**, *2018*, 1-11.

110. Nguyen, T. Nanocompósitos à base de polímeros para dispositivos optoelectrónicos orgânicos. A Review. *Surf. Coat. Technol.* **2011**,

206 (4), 742-752.

111. Sankar, P.; Philip, R. *Propriedades ópticas não lineares dos nanomateriais*; Elsevier Ltd., 2018.

112. Suresh, S.; Ramanand, A.; Jayaraman, D.; Mani, P. Review On Theoretical Aspect Of Nonlinear Optics. *Rev. Adv. Mater. Sci.* **2012**, *30*, 175-183.

113. Rawicz, A. H. Theodore Harold Maiman e a Invenção do Laser. *Proc.* **2008**, *7138*, 713802,1-713802,8.

114. Kaiser, W.; Garrett, C. Excitação de dois fótons em CaF2:Eu2+. *Phys. Rev. Lett.* **1961**, *7* (6), 229-231.

115. Chin, A. H.; Calderón, O. G.; Kono, J. Extreme Midinfrared Nonlinear Optics in Semiconductors. *Phys. Rev. Lett.* **2001**, *86* (15), 3292-3295.

116. Nalwa,H.S.; Miyata,S. Ótica Não Linear de Moléculas Orgânicas e Polímeros. *Opt. Eng.* **2013**, *36* (9), 2623-3225.

117. Farrer, R. A.; Butterfield, F. L.; Chen, V. W.; Fourkas, J. T. Luminescência induzida por absorção de multifótons altamente eficiente de nanopartículas de ouro. *Nano Lett.* **2005**, *5* (6), 1139-1142.

118. Panoiu ,N.C.; E I Sha,W.; Lei, D.Y.; Li, G.C. Nonlinear Optics in Plasmonic Nanostructures. *J. Opt. Top.* **2018**, *20*, 1-37.

119. Singh, V.; Aghamkar, P.; Lald, B. Propriedades ópticas não lineares de terceira ordem e absorção saturável inversa na 2,3-butanodiona dihidrazona utilizando a técnica z-Scan. *Ata Phys. Pol. A* **2013**, *123* (1), 39-44.

120. De Boni, L.; Wood, E. L.; Toro, C.; Hernandez, F. E. Absorção Ótica Saturável em Nanopartículas de Ouro. *Plasmonics* **2008**, *3* (4), 171-176.

121. Ding, S. J.; Nan, F.; Yang, D. J.; Liu, X. L.; Wang, Y. L.; Zhou, L.;

Hao, Z. H.; Wang, Q. Q. Absorção amplamente aprimorada de um complexo de nanocristais de Au plasmônicos e semelhantes a moléculas. *Sci. Rep.* **2015**, *5*, 1-7.

122. Messias, D. N.; Pilla, V.; Andrade, A. A.; Catunda, T. Não-linearidade Eletrónica Ótica de Nd:YAG e Upconversion de Transferência de Energia Estudados pela Técnica Zscan. *Opt. Mater. Express* **2015**, *5* (11), 2588-2596.

123. Hari, M.; Mathew, S.; Nithyaja, B.; Joseph, S. A.; Nampoori, V. P. N.; Radhakrishnan, P. Absorção saturável e reversa saturável em nanopartículas de prata aquosas no comprimento de onda fora do ressonante. *Opt. Quantum Electron.* **2012**, *43*, 49-58.

124. Pustovalov, V. K.; Babenko, V. A. Optical Properties of Gold Nanoparticles at Laser Radiation Wavelengths for Laser Applications in Nanotechnology and Medicine. *Laser Phys. Lett.* **2004**, *1* (10), 516-520.

125. Zhao, M.; Peng, R.; Zheng, Q.; Wang, Q.; Chang, M. J.; Liu, Y.; Song, Y. L.; Zhang, H. L. Resposta limitadora ótica de banda larga de um nanohíbrido de grafeno-PbS. *Nanoscale* **2012**, 1-9.

126. Kuraishi, O.; Tanaka, D.; Shimojo, M.; Kajikawa, K. Efeitos Kerr ópticos e elétricos em submonocamada de nanopartículas de polidiacetileno sondadas por espetroscopia de ressonância de plasma de superfície. *J. Phys. D. Appl. Phys.* **2012**, *45* (23), 1-6.

127. Subha, R.; Nalla, V.; Lim, E. J. Q.; Vijayan, C.; Huang, B. B. S.; Chin, W. S.; Ji, W. Desaceleração da transferência de carga devido à recombinação Auger e seção transversal de ação de dois fótons de nanobastões segmentados CdS-CdSe-CdS. *ACS Photonics* **2015**, *2* (1), 43-52.

128. Chen, X.; Tao, J.; Zou, G.; Zhang, Q.; Wang, P. Nonlinear Optical Properties of Nanometer-Size Silver Composite Azobenzene

Containing Polydiacetylene Film. *Appl. Phys. A Mater. Sci. Process.* **2010**, *100* (1), 223-230.

129. Seo, J. T.; Yang, Q.; Kim, W.-J.; Heo, J.; Ma, S.-M.; Austin, J.; Yun, W. S.; Jung, S. S.; Han, S. W.; Tabibi, B.; et al. Optical Nonlinearities of Au Nanoparticles and Au/Ag Coreshells. *Opt. Lett.* **2009**, *34* (3), 307.

130. Karthikeyan, B.; Anija, M.; Philip, R. Síntese In Situ e Propriedades Ópticas Não Lineares de Filmes de Polímeros Nanocompostos Au:Ag. *Appl. Phys. Lett.* **2006**, *88* (5), 1-3.

131. Wang, S. X.; Zhang, L. D.; Su, H.; Zhang, Z. P.; Li, G. H.; Meng, G. W.; Zhang, J. Absorção de dois fótons e limitação ótica em nanocompósitos de poli (anidrido maleico de estireno)/ TiO2. *Phys. Lett. A* **2001**, *281* (março), 59-63.

132. Sudheesh, P.; Sharafudeen, K. N.; Vijayakumar, S.; Chandrasekharan, K. Preparação e estudo da resposta ótica não linear de filmes finos de PVA/PVP dopados com nanopartículas de Ag e Au. *J. Opt.* **2011**, *40* (4), 193-197.

133. Divyasree, M. C.; Shiju, E.; Francis, J.; Anusha, P. T.; Rao, S. V.; Chandrasekharan, K. ZnSe/PVP Nanocomposites: Synthesis, Structural and Nonlinear Optical Analysis. *Mater. Chem. Phys.* **2017**, *197*, 208-214.

134. Chen, C.; Tang, Y.; Vlahovic, B.; Yan, F. Nanofibras de polímero electrospun decoradas com nanopartículas de metais nobres para deteção química. *Nanoscale Res. Lett.* **2017**, *12*, 1-15.

135. Phadtare, S.; Shah, S.; Prabhune, A.; Wadgaonkar, P. P.; Sastry, M. Immobilização de células de Candida Bombicola em membranas de nanopartículas de ouro orgânico de suporte livre e sua utilização como fontes de enzimas em biotransformações. *Biotechnol. Prog.* **2004**, *20* (6), 1817-1824.

136. Kumar, A.; Huo, S.; Zhang, X.; Liu, J.; Tan, A.; Li, S.; Jin, S.; Xue, X.; Zhao, Y.; Ji, T.; et al. Nanopartículas de ouro direcionadas à neuropilina-1 aumentam a eficácia terapêutica do medicamento de platina (IV) para o tratamento do câncer de próstata. *ACS Nano* **2014**, *8* (5), 4205-4220.

137. Wang, X.; Li, S.; Zhang, P.; Lv, F.; Liu, L.; Li, L.; Wang, S. An Optical Nanoruler Based on a Conjugated Polymer-Silver Nanoprism Pair for Label-Free Protein Detection. *Adv. Mater.* **2015**, *27* (39), 6040-6045.

138. Lazarovits, J.; Chen, Y. Y.; Sykes, E. A.; Chan, W. C. W. Interações entre nanopartículas e sangue: The Implications on Solid Tumour Targeting. *Chem. Commun.* **2015**, *51* (14), 2756-2767.

139. Doane, T. L.; Burda, C. The Unique Role of Nanoparticles in Nanomedicine: Imaging, Drug Delivery and Therapy. *Chem. Soc. Rev.* **2012**, *41* (7), 2885-2911.

140. Shi, Q.; Vitchuli, N.; Nowak, J.; Caldwell, J. M.; Breidt, F.; Bourham, M.; Zhang, X.; McCord, M. Nanofibras híbridas antibacterianas duráveis de Ag/Poliacrilonitrilo (Ag/PAN) preparadas por tratamento com plasma atmosférico e electrospinning. *Eur. Polym. J.* **2011**, *47* (7), 1402-1409.

141. Ghaffari-Moghaddam, M.; Eslahi, H. Síntese, Caracterização e Propriedades Antibacterianas de um Novo Nanocompósito Baseado em Polianilina/Polivinil Álcool/Ag. *Arab. J. Chem.* **2014**, *7* (5), 846-855.

142. Limongi, T.; Tirinato, L.; Pagliari, F.; Giugni, A.; Allione, M.; Perozziello, G.; Candeloro, P.; Di Fabrizio, E. Fabrico e aplicações de dispositivos micro/nanoestruturados para engenharia de tecidos. *Nano-Micro Lett.* **2017**, *9* (1), 1-13.

143. Bagyalakshmi, J.; Haritha, H. Síntese verde e caraterização de

nanopartículas de prata utilizando Pterocarpus Marsupium e avaliação da sua atividade antidiabética in vitro. *Am. J. Adv. Drug Deliv.* **2017**, *5* (3), 118-130.

144. Bryaskova, R.; Pencheva, D.; Nikolov, S.; Kantardjiev, T. Síntese e estudo comparativo da atividade antimicrobiana de materiais híbridos baseados em nanopartículas de prata (AgNps) estabilizadas por polivinilpirrolidona (PVP). *J. Chem. Biol.* **2011**, *4* (4), 185-191.

145. Chong, E. J.; Phan, T. T.; Lim, I. J.; Zhang, Y. Z.; Bay, B. H.; Ramakrishna, S.; Lim, C. T. Avaliação do andaime nanofibroso de PCL/Gelatina electrospun para cicatrização de feridas e reconstituição dérmica em camadas. *Ata Biomater.* **2007**, *3* (3 SPEC. ISS.), 321-330.

146. Iba, Y.; Shibata, A.; Kato, M.; Masukawa, T. Possible Involvement of Mast Cells in Collagen Remodeling in the Late Phase of Cutaneous Wound Healing in Mice. *Int. Immunopharmacol.* **2004**, *4* (14 SPEC.ISS.), 1873-1880.

147. Chandrasekaran, A. R.; Venugopal, J.; Sundarrajan, S.; Ramakrishna, S. Fabrication of a Nanofibrous Scaffold with Improved Bioactivity for Culture of Human Dermal Fibroblasts for Skin Regeneration (Fabrico de uma estrutura nanofibrosa com bioatividade melhorada para cultura de fibroblastos dérmicos humanos para regeneração da pele). *Biomed. Mater.* **2011**, *6* (1), 1-10.

148. Yeh, M. K.; Liang, Y. M.; Cheng, K. M.; Dai, N. T.; Liu, C. C.; Young, J. J. Uma nova membrana de suporte celular para engenharia de tecidos da pele: Filme de Gelatina reticulado com Iodeto de 2-Cloro-1-Metilpiridínio. *Polymer* . **2011**, *52* (4), 996-1003.

149. Mei, L.; Lu, Z.; Zhang, X.; Li, C.; Jia, Y. Nanocompósitos de polímero-argila com maior atividade antimicrobiana contra a infeção bacteriana. *ACS Appl. Mater. Interfaces* **2014**, *20*, A-I.

150. Hirsch, T.; Spielmann, M.; Zuhaili, B.; Koehler, T.; Fossum, M.; Steinau, H. U.; Yao, F.; Steinstraesser, L.; Onderdonk, A. B.; Eriksson, E. Enhanced Susceptibility to Infections in a Diabetic Wound Healing Model. *BMC Surg.* **2008**, *8*, 1-8.

151. George, N.; Subha, R.; Rose, A.; Mary, N. L. Absorção de dois fótons aprimorada por Plasmon em nanocompósitos de prata de estireno modificado - anidrido maleico. *Nano-estruturas e Nano-objetos* **2017**, *11*, 32-38.

152. Boca, S. C.; Potara, M.; Gabudean, A. M.; Juhem, A.; Baldeck, P. L.; Astilean, S. Chitosan-Coated Triangular Silver Nanoparticles as a Novel Class of Biocompatible, Highly Effective Photothermal Transducers for in Vitro Cancer Cell Therapy. *Cancer Lett.* **2011**, *311* (2), 131-140.

153. Kakkar,R.; Madgula, K.; Nehru, Y. V. S.; Kakkar,J. Filmes e revestimentos de álcool polivinílico - melamina formaldeído com nanopartículas de prata como pensos para feridas na doença do pé diabético. *Eur. Chem. Bull.* **2015**, *4* (2), 98-105.

154. MI, E. S.; S, A.; Wahba,A.; Attar,E.A.; Mi,Y.;Zedan, M. Actividades antidiabéticas e biológicas in vivo da proteína do leite e do hidrolisado da proteína do leite. *Adv. Dairy Res.* **2016**, *4* (2), 1-6.

Capítulo II

Materiais e técnicas de caraterização

2.1 Materiais

O poli(anidrido co-estireno maleico) (SMA, $\overline{M}_w$ = 1600), o citrato trissódico, o ácido cloroáurico ($HAuCl_4$), o nitrato de prata ($AgNO_3$), o borohidreto de sódio ($NaBH_4$), o salicilaldeído e a tiossemicarbazida foram adquiridos à Sigma Aldrich e utilizados tal como recebidos. Foram utilizados como solventes a dimetilformamida (DMF), o dimetilsulfóxido (DMSO) e a água Milli Q.

2.2 TÉCNICAS DE CARACTERIZAÇÃO

O copolímero modificado preparado, as misturas, os seus nanocompósitos e as nanofibras foram caracterizados para analisar os seus grupos funcionais, morfologia, comportamento térmico, mecânico, ótico linear, ótico não linear (NLO) e biológico. Foram utilizadas diferentes técnicas para caraterizar estes materiais.

1. **Análise Vibracional:** A frequência vibracional dos diferentes grupos funcionais e a incorporação de NPs metálicas na matriz polimérica foram estudadas utilizando a espetroscopia de infravermelhos de reflexão total atenuada - Fourier (ATR-FTIR).

2. **Estudos ópticos lineares:** A SPR das NPs metálicas e a interação entre a matriz polimérica e as NPs foram estudadas em pormenor a partir da espetroscopia UV-Visível.

3. **Análise estrutural:** Para estudar a distribuição das estruturas morfológicas dos nanocompósitos preparados e das nanofibras,

utilizou-se a difração de raios X (XRD), a microscopia eletrónica de varrimento (SEM) e a microscopia eletrónica de transmissão (TEM).

4. **Análise da estabilidade térmica:** As temperaturas de decomposição e o rendimento do carvão foram estudados a partir da análise termogravimétrica (TGA). A temperatura de transição vítrea (Tg) e a temperatura de fusão (Tm) foram estudadas extensivamente utilizando a Calorimetria Exploratória Diferencial (DSC).

5. **Análise da resistência mecânica:** As propriedades de tensão-deformação e o módulo de Young foram parâmetros utilizados para estudar a resistência mecânica dos PNCs.

6. **Estudos ópticos não lineares:** O coeficiente de absorção não linear e a resposta de limitação ótica dos PNCs foram estudados utilizando a técnica de varrimento Z de abertura aberta (OA).

7. **Estudos biológicos:** Foram investigados os estudos antibacterianos e a viabilidade celular dos nanocompósitos selecionados. O potencial de cicatrização de feridas dos PNCs também foi analisado.

2.2. 1Espectroscopia de absorção UV-Visível

A espetroscopia de absorção UV-Visível é uma ferramenta eficaz para estudar a inclusão de NPs na matriz polimérica, analisando a SPR das NPs a partir dos espectros. As propriedades ópticas lineares do polímero sintetizado e dos seus nanocompósitos foram registadas através da dispersão das amostras num solvente adequado. Dependendo das caraterísticas do material e dos seus grupos funcionais, foram obtidos picos de transição eletrónica ou picos de SPR a partir dos espectros UV-Visível. A SPR é uma caraterística das NPs metálicas que pode ser definida como a oscilação colectiva de electrões quando um campo elétrico externo é aplicado às NPs metálicas.[1] A frequência de ressonância das NPs Ag/Au depende do seu tamanho, forma e distribuição na matriz polimérica.[2] O desvio ou alargamento dos espectros de absorção das amostras resulta da aglomeração e do ambiente dielétrico das NPs na solução polimérica.

Os espectros de absorção UV-Visível do copolímero, dos nanocompósitos e das nanofibras compósitas foram registados utilizando um espetrofotómetro UV-Visível Jasco V-750.

2.2.2   Espectroscopia ATR-FTIR

A espetroscopia ATR-FTIR investiga a química da superfície do copolímero, dos nanocompósitos e das nanofibras compósitas, caracterizando os grupos funcionais presentes na matriz e a sua interação com as NPs.[3] Este estudo espetral serve como uma excelente ferramenta analítica para investigar a natureza da interação entre as NPs e a matriz polimérica.[4] O ATR-FTIR é uma técnica muito útil quando se trata de amostras sólidas do tipo filme. A ATR funciona com base no princípio da reflexão interna total e requer que a amostra esteja em contacto direto com o cristal. [5]

A análise ATR-FTIR foi realizada na película e nas nanofibras para determinar os grupos funcionais presentes no material, utilizando um espetrofotómetro Bruker ATR-FTIR modelo Alpha-T.

2.2.   3Microscopia eletrónica de varrimento   (SEM)

As imagens SEM ajudam a estudar em pormenor a distribuição das NPs na matriz polimérica. A elucidação exacta da morfologia e as correlações estrutura-propriedade, juntamente com os detalhes sobre a adesão entre as NPs e a matriz, são informações importantes que podem ser obtidas a partir das imagens SEM com resolução nanométrica. O princípio do MEV baseia-se na interação do feixe de electrões incidente com as amostras sólidas. A intercalação e a esfoliação de cargas na matriz polimérica podem ser examinadas de perto a partir das imagens SEM.[6,7]

A morfologia da superfície e o tamanho do nanocompósito foram examinados utilizando HR-SEM, FEI Quanta FEG 200... O polímero preparado, os nanocompósitos e as nanofibras funcionalizadas foram revestidos com uma fina camada de ouro para evitar a carga eletrostática após a montagem numa fita de carbono de dupla face.

2.2.   4Análise dispersiva de energia   de raios X (EDAX)

A análise elementar do polímero e dos seus nanocompósitos metálicos foi estudada utilizando EDAX integrado com SEM. As NPs e as suas percentagens atómicas foram observadas a partir das imagens SEM-EDAX.

2.2.   5Microscopia eletrónica de transmissão   (TEM)

A microscopia eletrónica de transmissão de alta resolução, HR-TEM, JOEL 3010, foi utilizada para determinar o tamanho das NPs Ag/Au na matriz polimérica. O TEM ajuda na visualização da estrutura interna das amostras. É necessário que as amostras sejam finas para uma penetração eficaz do feixe de electrões e para permitir uma resolução de imagem satisfatória.[8]

As amostras de polímero foram dissolvidas no solvente (DMF/água Milli Q) e colocadas numa grelha de cobre para analisar as amostras.

2.2.   6Difracção de raios X   (XRD)

A técnica de difração de raios X envolve o estudo da interação dos raios X com a matéria. A difração de diferentes planos da amostra dá origem a um padrão de difração que fornece informações sobre a estrutura cristalina do material e os seus arranjos moleculares. Um difractograma representa a intensidade em função do ângulo do detetor e a posição do pico, a sua intensidade e largura desempenham um papel importante na determinação da estrutura do composto. A avaliação do espaçamento entre camadas e do tamanho dos cristais também pode ser efectuada a partir dos dados de XRD. A técnica de XRD em pó difere no facto de analisar os padrões de difração do pó em vez de um cristal individual.[9] Esta técnica é conveniente, tem boa resolução, permite uma fácil interpretação dos dados e é uma ferramenta importante para amostras de polímeros, uma vez que distingue claramente entre polímeros semi-cristalinos e cristalinos.[10] As amostras de polímero foram analisadas utilizando um XRD de pó Bruker D8 Advance para obter a sua cristalografia.

2.2.7   Análise termogravimétrica   (TGA)

A TGA das amostras foi efectuada para determinar a estabilidade térmica do material e os seus componentes voláteis. A perda de peso das amostras em função da temperatura e também a extensão da degradação dos materiais preparados foram obtidas a partir do termograma. A mudança de peso ocorre quando o material é aquecido numa atmosfera inerte de azoto. A temperatura de decomposição inicial é um fator decisivo no que diz respeito à estabilidade térmica do material e é obtida a partir do termograma. A presença de NPs na matriz polimérica leva a um aumento da quantidade de resíduos de carvão em comparação com o polímero puro. As NPs produzem um forte efeito de barreira que impede a fácil degradação das amostras de polímero, levando a um aumento da sua estabilidade térmica.[11]

A análise TG foi efectuada utilizando o modelo Perkin Elmer STA 6000, aquecendo a amostra desde a temperatura ambiente até 800^0 C a uma taxa de aquecimento de 10^0 C/min. A recolha e o tratamento dos dados foram efectuados utilizando o software de análise Universal ligado ao instrumento TG.

2.2.   8Calorimetria Exploratória Diferencial   (DSC)

Foram efectuadas medições utilizando uma taxa de aquecimento de 10^0 C para analisar o comportamento de transição de fase e as cristalinidades dos segmentos de polímero da mistura e dos seus nanocompósitos Ag/Au. A entropia de transição, que é uma medida da desordem molecular em resultado do aumento da temperatura, é obtida a partir da área sob o pico DSC.[12]

A temperatura de transição vítrea (Tg), a temperatura de fusão (Tm) e os picos endotérmicos e exotérmicos podem ser estudados a partir dos termogramas DSC.

A análise DSC foi efectuada nas amostras de polímero utilizando o modelo NETZSCH DSC 204.

2.2.   9Propriedades mecânicas

As propriedades mecânicas de uma amostra polimérica decidem a sua utilidade na área comercial. A dispersão homogénea de NPs na matriz polimérica leva a um aumento da sua resistência mecânica. Os dois parâmetros significativos que são tidos em conta na análise da resistência mecânica são a tensão e a deformação. A resposta à tração de um material depende, em grande medida, das técnicas de preparação da amostra, do peso molecular do polímero, das ligações cruzadas, etc. [13]

As propriedades de tração dos polímeros, misturas e nanocompósitos foram avaliadas a partir das curvas tensão-deformação. As amostras foram testadas quanto à resistência à tração e à percentagem de rutura. A máquina de ensaio universal (UTM) Schimadzu AGS-X, 500 mm de estrutura alargada, foi utilizada para testar as propriedades mecânicas das películas de nanocompósitos. As amostras foram testadas de acordo com as normas ASTM.

2.2.   10Estudos de ótica não linear

As propriedades NLO de terceira ordem do polímero, do polímero modificado e dos seus nanocompósitos Ag/Au, nanofibras e nanofibras funcionalizadas foram investigadas pela técnica OA Z-scan, inventada por Sheik-Bahae et. al.[14] Esta é uma técnica de feixe único que determina com precisão o coeficiente de absorção não linear e o índice de refração não linear. A transmitância é calculada no campo distante em função da posição da amostra e a amostra move-se ao longo da direção do eixo ótico, pelo que é designada por técnica Z-scan. As técnicas de abertura OA e de abertura fechada são normalmente utilizadas para medições de varrimento Z. A diferença entre as duas técnicas reside no facto de a técnica de abertura aberta recolher toda a luz transmitida no campo distante, ao passo que a técnica de abertura fechada coloca apenas a luz transmitida através da abertura em frente do detetor. A saída do segundo harmónico (532 nm) de um impulso laser de Nd:YAG com Q-switched e frequência dupla com 5ns de duração foi utilizada para investigar a propriedade de absorção não linear e a resposta de limitação ótica dos materiais.[15] A taxa de repetição do laser foi de 10 Hz. A Figura 2.1 mostra a representação esquemática da configuração experimental do OA Z-scan.

Os impulsos laser têm duas partes: uma delas é focada na amostra numa cuvete de quartzo de 1 mm de espessura e a outra é utilizada como sinal de referência. A direção mais excitante do ponto de vista ótico do feixe laser é considerada como o eixo z. A fluência máxima foi obtida no ponto focal (z=0) e diminui simetricamente em qualquer direção do eixo z. A energia transmitida no campo distante foi medida em diferentes posições da amostra utilizando o fotodetector (Rj7620, Lase Probe Inc.). Foi registada a transmissão normalizada em diferentes posições da amostra.

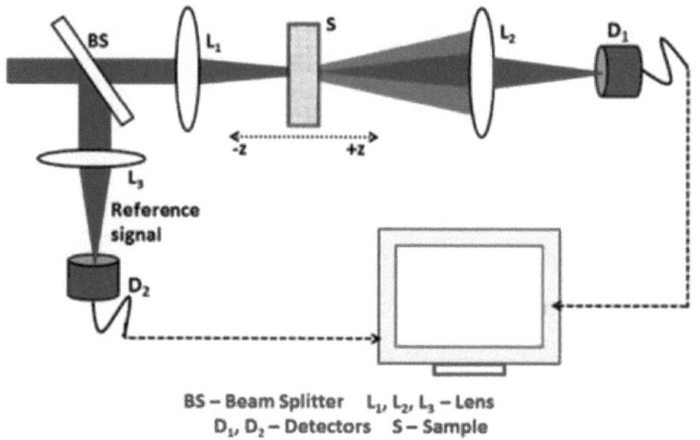

Figura 2.1: Representação esquemática da instalação experimental do Open Aperture Z-scan

2.2.   11Estudos biológicos

Atividade antibacteriana: Método de difusão em poço/disco

A atividade antibacteriana dos nanocompósitos foi estudada utilizando o método de difusão em disco/poço de ágar.[16,17] A cultura bacteriana de *Escherchia-coli (E. Coli)* foi esfregada em ágar nutriente recém-preparado, que foi vertido em placas de Petri estéreis. Após a solidificação, as amostras de polímero preparadas em diferentes concentrações

(25, 50, 75, 100μ g/mL) foram colocadas em poços/discos e as placas foram   incubadas a 37^0 C durante 24 horas. Após a incubação, o diâmetro das zonas inibitórias formadas à volta de cada poço/disco foi medido em mm e comparado com o controlo positivo (tetraciclina).

Determinação da viabilidade celular através do ensaio MTT

O ensaio MTT (brometo de 3-(4,5-dimetiltiazol-2-il)-2,5-difeniltetrazólio) é um método colorimétrico quantitativo para a determinação da sobrevivência e proliferação celular.[18] O parâmetro avaliado é a atividade metabólica das células viáveis. As células de fibroblastos de ratinho 3T3 foram semeadas numa placa de 96 poços a uma densidade de 1×10^5 células. As células foram incubadas durante a noite a 37°C e 5% de CO_2 com um meio completo. Após 70% de confluência, o meio completo foi substituído por um meio incompleto contendo diferentes concentrações da solução de trabalho dos nanocompósitos preparados (25, 50, 75 e 100 µg/mL) durante 24 horas e 48 horas. No final do período de incubação, o meio foi descartado e substituído por um meio incompleto fresco contendo 10 µL de MTT e incubado durante 4 horas a 37^0 C e 5% CO_2 . O meio contendo MTT foi então descartado e 100 µL de DMSO estéril foram adicionados a cada poço para dissolver os cristais de formazan roxo obtidos. A quantidade de cristais de formazan formados é indicativa da oxidação mitocondrial do MTT e a placa foi lida a 595 nm.

Percentagem de viabilidade celular = (A_{595} nm das células tratadas/A_{595} nm do controlo) x 100.

Ensaio de cicatrização de feridas *in vitro*

O ensaio de cicatrização de feridas *in vitro* foi efectuado segundo o método descrito por Liang et al. 2007.[19] As células de fibroblastos de ratinho 3T3 foram semeadas em placas de cultura de tecidos de 6 poços (1×10^5 células/poço). Depois de atingida a confluência, as monocamadas de células foram incubadas em meio sem soro durante 12 horas. Passadas 12 horas, as monocamadas de células foram suavemente riscadas com uma ponta de pipeta esterilizada para criar a ferida e extensivamente lavadas com meio para remover todos os detritos celulares. Foram adicionados 100 µL dos nanocompósitos e incubados durante 24 horas e 48 horas. A taxa de migração celular e de cicatrização foi avaliada colocando as células num microscópio invertido e fotografando-as.

REFERÊNCIAS

1. Amendola, V.; Pilot, R.; Frasconi, M. Ressonância Plasmónica de Superfície em Nanopartículas de Ouro: Uma revisão. *J. Phys. Condens. Matter* **2017**, *29*, 1-48.

2. Venkatachalam, S. *Ultraviolet and Visible Spectroscopy Studies of Nanofillers and Their Polymer Nanocomposites*; Elsevier Inc., **2016**,130-150.

3. D. Braun, . Bohringer, N. E. ATR-FTIR Spectroscopy as a Tool for Studies of Polymer-Polymer Miscibility. *Polym. Bull.* **1989**, *21*, 63-68.

4. Urbaniak-domagala, W. O Uso da Técnica Espectrométrica FTIR-ATR para Examinar a Superfície de Polímeros. **2012**, 86-106.

5. Asensio, R. C.; San, M.; Moya, A.; Manuel, J.; Roja, D.; Gómez, M. Analytical Characterization of Polymers Used in Conservation and Restoration by ATR-FTIR Spectroscopy. *Anal Bioanal Chem* **2009**, *395*, 2081-2096.

6. Taylor, P.; Adhikari, R.; Michler, G. H. Polymer Nanocomposites Characterization by Microscopy. *J. Macromol. Sci. , Parte C* **2009**, *49* (3), 141-180.

7. Dikin, D. A.; Kohlhaas, K. M.; Dommett, G. H. B.; Stankovich, S.; Ruoff, R. S. Scanning Electron Microscopy Methods for Analysis of Polymer Nanocomposites. *Microsc Microanal* **2006**, *12* (Suplemento 2), 674-675.

8. Monticelli, O.; Musina, Z.; Russo, S.; Bals, S. Sobre a utilização de TEM na caraterização de nanocompósitos. *Mater. Lett.* **2007**, *61*, 3446-3450.

9. Qingqing, P. A. N.; Ping, G. U. O.; Jiong, D.; Qiang, C.; Hui, L. I. Determinação comparativa da estrutura cristalina da griseofulvina: Difração de raios X em pó versus difração de raios X de cristal

único. *Chin Sci Bull* **2012**, *57* (30), 3867-3871.

10. Tech, J. A. B.; Chauhan, A.; Chauhan, P. Técnica de XRD em pó e suas aplicações em ciência e tecnologia. *J Anal Bioanal Tech* **2014**, *5* (5), 1-5.

11. Corcione, C. E.; Frigione, M. Characterization of Nanocomposites by Thermal Analysis. *Materials (Basel)*. **2012**, *5*, 2960-2980.

12. Gill, P.; Moghadam, T. T.; Ranjbar, B. Differential Scanning Calorimetry Techniques : Aplicações em Biologia e Nanociência. *J. Biomol. Tech.* **2010**, *21*, 167-193.

13. Abraham, R.; Thomas, S. P.; Kuryan, S.; Isac, J.; Varughese, K. T.; Thomas, S. Mechanical Properties of Ceramic-Polymer Nanocomposites. *eXPRESS Polym. Lett.* **2009**, *3* (3), 177-189.

14. Sheik-Bahae, M.; Said, A. A.; Wei, T. H.; Hagan, D. J.; Van Stryland, E. W. Sensitive Measurement of Optical Nonlinearities Using a Single Beam. *IEEE J. Quantum Electron.* **1990**, *26* (4), 760-769.

15. Leela, S.; Rani, T. D.; Subashini, A.; Brindha, S.; Babu, R. R.; Ramamurthi, K. Estudos sobre o crescimento e a caraterização do material ótico não linear 4-Chloro-4 0 Methoxy Benzylideneaniline : Um Material Orgânico de Base Schiff. *Arab. J. Chem.* **2014**, 4-11.

16. Devi, D. R.; Rao, B. G.; Basavaiah, K. Síntese e atividade antimicrobiana de nanocompósitos de polianilina e nanopartículas de prata através do método de auto-montagem. *World J. Pharm. Pharm. Sci.* **2016**, *5* (11), 775-785.

17. George, N.; Mary N. L. Síntese e Estudos Comparativos de Atividade Antibacteriana de Complexos de Cobre de Base Schiff. *Int. J. Institucional Pharm. Ciências da Vida.* **2015**, *5* (3), 460-467.

18. Creppy, E. E.; Diallo, A.; Moukha, S.; Eklu-Gadegbeku, C.; Cros,

D. Estudo das Propriedades Epigenéticas do Cloridrato de Poli(HexaMetileno Biguanida) (PHMB). *Int. J. Environ. Res. Saúde Pública* **2014**, *11* (8), 8069-8092.

19. Liang, C.; Park, A. Y.; Guan, J. Ensaio de raspagem in vitro: Um método conveniente e económico para a análise da migração celular in vitro. *Nat. Protoc.* **2007**, *2* (2), 329-333.

Capítulo III

Resultados e discussão

3.1 INTRODUÇÃO

O copolímero de poli(anidrido maleico de estireno) (SMA) é considerado um polímero funcional ou reativo. A funcionalidade deve-se à porção de anidrido maleico na estrutura do copolímero. O grupo anidrido é reativo em relação a reagentes nucleófilos como a água, os álcoois, as aminas e os tióis. Com a introdução destes compostos nucleófilos, a preparação de novos materiais torna-se mais fácil.[1,2] A importância do copolímero SMA é atribuída às suas aplicações numa série de domínios, o que proporciona a vantagem de melhorar as propriedades térmicas, eléctricas, mecânicas e ópticas do material polimérico estirénico. É utilizado em aditivos de revestimento, aplicações de aglutinantes, aditivos para materiais de construção, microcápsulas, compatibilizador de misturas, promotor de aderência para revestimentos de poliolefinas em metais e aplicações farmacêuticas.[3-5] É de notar que o SMA é um copolímero biocompatível e que tem atraído especial atenção devido ao seu método de preparação conveniente e à sua solubilidade em meio alcalino.[5] A biocompatibilidade do SMA resulta da combinação do grupo anidrido hidrofílico e da estrutura hidrofóbica da cadeia polimérica. Conjugados biologicamente activos com pequenas moléculas como proteínas, fármacos e fluorescentes foram formulados com este copolímero.[7,8] O polímero fluorescente SMA foi sintetizado para aplicação em dispositivos de eletroluminescência, corantes plásticos e conversão de energia solar com o corante 4-amino-N-(2,4-dimetilfenil)-1,8-naftalimida.[9] H. Maeda et al.

analisaram a utilização de fármacos macromoleculares como potenciais agentes anticancerígenos e, em particular, a proteína antitumoral neocarzinostatina (NCS) com SMA para o tratamento de vários tumores sólidos em seres humanos.[10] Os tapetes nanofibrosos de copolímero de SMA imobilizados com derivados de furanona foram utilizados como inibidores da adesão de bactérias.[11] A funcionalização de SMA com bases de Schiff pode melhorar a sua estabilidade térmica. Foi observado um aumento da estabilidade térmica quando uma polivinilmetilcetona foi sintetizada por condensação de base de Schiff.[12]

As propriedades ópticas não lineares (NLO) dos compostos modificados com bases de Schiff também aumentam, o que pode estar relacionado com os efeitos da reorientação estrutural destes compostos.[13] A incorporação de nanopartículas metálicas (NPs) tem sido amplamente utilizada para aumentar a não linearidade de terceira ordem de corantes, polímeros, materiais semicondutores, etc.[14,15] O SPR das NPs metálicas pode aumentar fortemente o campo elétrico local, aumentando assim a absorção de um e dois fótons (2PA).[16] Os materiais com elevadas propriedades NLO, como a absorção saturable inversa, 2PA, absorção saturable, são considerados adequados para aplicações como limitadores ópticos em comutação ótica, processamento de sinais ópticos, microscopia multifotónica, etc.[17-22] Foi referido que as propriedades NLO dos materiais poliméricos compósitos apresentam um aumento quando comparadas com as dos materiais monocomponentes.[23]

Este capítulo trata da síntese e caraterização de seis nanocompósitos poliméricos (PNCs). A SMA modificada com base de Schiff funciona como matriz polimérica. Esta modificação foi efectuada para que a resposta NLO dos materiais poliméricos possa ser maximizada pela incorporação de cromóforos eficientes sob a forma de ligandos, tais como salicilaldeído e diaminas.[24] Os nanocompósitos poliméricos foram sintetizados através da adição de NPs de Au e Ag com concentrações variáveis, o que influenciará o 2PA do polímero. A concentração de NPs metálicas é variada para investigar o efeito da quantidade de NPs metálicas nas propriedades limitadoras ópticas dos nanocompósitos de polímeros metálicos. Os estudos antibacterianos e o potencial de cicatrização de feridas destes PNCs também foram investigados.

3.   2EXPERIMENTAL

3.2.1Preparação   do copolímero de SMA modificado (SMA-1)

O   SMA-1 foi preparado pela reação do copolímero SMA com a tiossemicarbazona do salicilaldeído (Esquema I) utilizando o método descrito por Mary et al.[25] O produto final SMA-1 foi obtido como um sólido amarelo que é a diimida do copolímero modificado contendo a base de Schiff. Foi obtido por aquecimento do copolímero a 140^{0} C em meio DMF. (Esquema II) que está representado na figura 3.1.

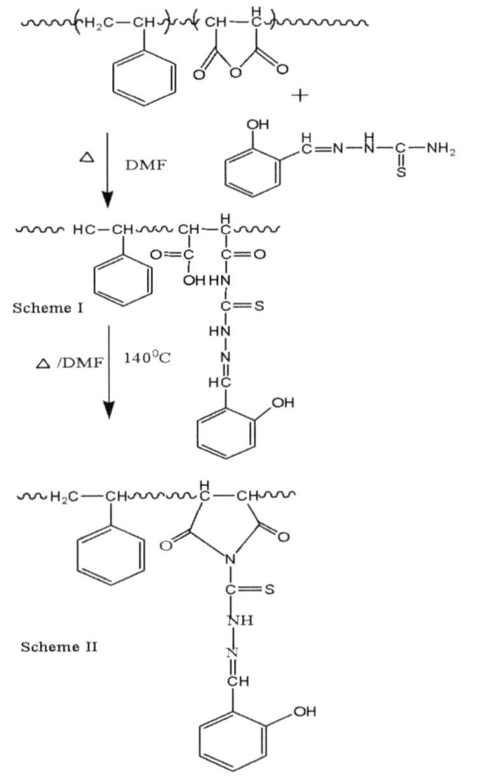

Figura 3.1: Preparação de SMA-1

3.2.2 Preparação de nanopartículas de prata e ouro

As NPs de Ag e Au foram preparadas pelo método de redução química. O citrato trissódico foi utilizado como agente de cobertura e o $NaBH_4$ foi utilizado como agente redutor na preparação de NPs de Ag com um diâmetro médio de aproximadamente 7 nm. Tomou-se uma solução de $AgNO_3$ (0,001N), dissolveu-se nela 5mL de citrato trissódico a 1% e procedeu-se à sonicação durante 10 minutos. Uma solução aquosa de $NaBH_4$ (0,001 N) foi refrigerada a 0^0 C e adicionada gota a gota a esta mistura sob agitação dinâmica até se observar uma mudança de cor de incolor para amarelada.[26] A formação das Ag NPs foi confirmada por espetroscopia UV-Visível.

O método de Turkevich foi utilizado para a preparação de NPs de Au com citrato.[27] As NPs com um diâmetro médio de cerca de 18 nm foram sintetizadas utilizando citrato trissódico como agente redutor e de revestimento. Uma solução padrão de 10 mM de $HAuCl_4$.$3H_2O$ (0,5 mL) foi diluída para 13 mL com água milli-Q e a mistura foi deixada a ferver durante 2-3 minutos. À solução em ebulição foi adicionado 1 mL de citrato trissódico (0,05%) à solução $HAuCl_4$.$3H_2O$ em ebulição e o aquecimento continuou até ao aparecimento de uma cor púrpura pálida. A solução foi então arrefecida à temperatura ambiente com agitação constante e a formação de NPs Au foi confirmada por uma mudança para a cor vermelho-vinho.[27]   Foi   ainda   confirmada   por espetroscopia UV-Visível.

3.2.3Preparação   de nanocompósitos poliméricos com NPs Ag/Au

As NPs Ag/Au   preparadas em (0,05, 0,1, 0,15) percentagem de peso (wt %) foram dispersas na matriz SMA-1. A mistura resultante foi agitada magneticamente   durante 1 hora e submetida a sonicação durante 30 minutos. A solução de polímero foi seca utilizando o evaporador rotativo e foi utilizada para caraterização posterior. As NPs Ag/Au com 0,05, 0,1 e 0,15 % em peso foram designadas como SMA-1/Ag1, SMA-1/Ag2, SMA-1/Ag3, SMA-1/Au1, SMA-1/Au2 e SMA-1/Au3, respetivamente. O código da amostra de polímero e a percentagem em peso das NPs incorporadas estão listados na tabela 3.1.

Tabela 3.1: Código do polímero e percentagem em peso das NPs de metais nobres dos nanocompósitos poliméricos

Código de amostra	Percentagem de peso de NPs (% em peso)	
	Ag NPs	NPs de Au
SMA-1		

SMA-1/Ag1	0.05	
SMA-1/Ag2	0.1	
SMA-1/Ag3	0.15	
SMA-1/Au1		0.05
SMA-1/Au2		0.10
SMA-1/Au3		0.15

3.3 RESULTADOS   E DISCUSSÃO

3.3.   1 Análise espetral   de   polímeros   modificados   e nanocompósitos

A espetroscopia de IV é uma das técnicas mais importantes disponíveis para a análise de materiais poliméricos. Pode ser utilizada para determinar a interação da matriz polimérica com as NPs convidadas. Para investigar esta interação das NPs metálicas com o SMA-1, foram registados os espectros de IV do polímero puro e dos nanocompósitos, que são apresentados na figura 3.2.

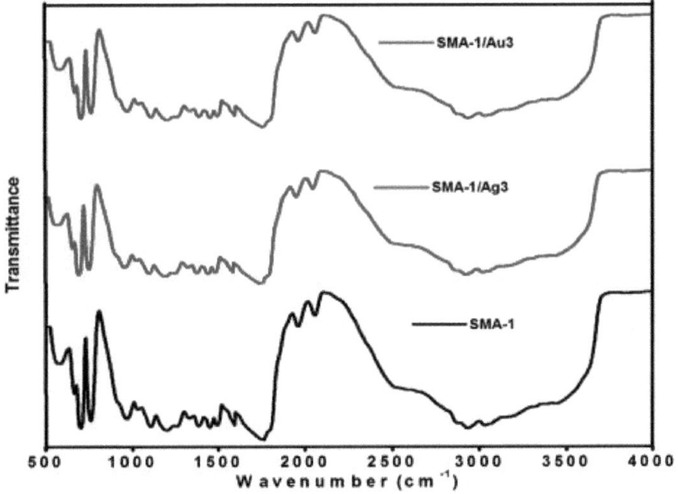

Figura 3.2: Espectros FTIR de SMA-1 e SMA-1/Ag3 e SMA-1/Au3

Pode notar-se que os espectros de IV das três amostras de polímero são quase semelhantes, indicando que a incorporação de NPs de Ag ou Au não altera a estrutura do SMA-1. A vibração de estiramento -OH é indicada pela banda de absorção larga e forte na gama de frequências 3400-3450 cm^{-1}.[28] A banda a 2923 cm^{-1} é atribuída à frequência da vibração de estiramento -C-H.[29] A banda de absorção nas gamas de frequência de 1760-1780 cm^{-1} é atribuída à vibração de estiramento simétrico dos grupos -C=O no SMA-1. As absorções a 3000-3300 cm^{-1} e 1620-1640 cm^{-1} indicam a presença de anéis aromáticos.[30] A banda de absorção a 820 cm^{-1} mostra a presença do grupo -C=S em todos os polímeros investigados.[31] Do mesmo modo, a banda a 1600 cm^{-1} é devida ao grupo -C=N da fração tiossemicarbazona em todos os polímeros.[32]

3.3.2 Espectros UV-Visível de Polímeros e Nanocompósitos Modificados

Todos os nanocompósitos poliméricos são coloridos e, por isso, os espectros de absorção UV-visível são registados em soluções de dimetilformamida (DMF).

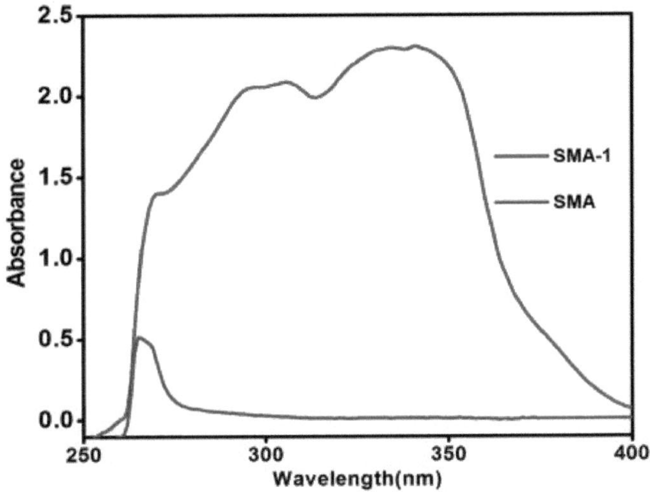

Figura 3.3: Espectros de absorção UV-Visível de SMA e SMA-1 em solução DMF

Os espectros de absorção registados para a SMA e a SMA-1 são apresentados na figura 3.3. Destas duas amostras, a SMA apresenta um pico de absorção a 264 nm, enquanto a SMA-1 apresenta uma transição π-π^* com ombros na região de 315 nm. A modificação da SMA com a base de Schiff intensifica o seu coeficiente de absorção linear em comprimentos de onda alargados.

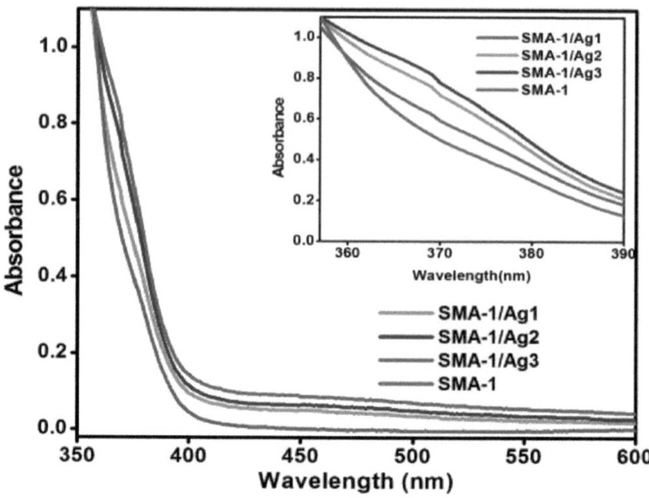

Figura 3.4: Espectros de absorção UV-Visível de SMA-1, SMA-1/Ag1, SMA-1/Ag2 e SMA-1/Ag3 em solução DMF. A inserção mostra o alargamento dos espectros de absorção com o aumento da concentração de NPs de Ag.

Os espectros de absorção UV-Visível dos PNCs contendo NPs de Ag e Au também foram registados em solução DMF e os espectros estão representados nas figuras 3.4 e 3.5. Os espectros de absorção linear de SMA-1/Ag3 são apresentados na figura 3.4. É de salientar que a transição π-π^* no polímero SMA modificado, devido às ligações duplas presentes na sua estrutura, é validada por um pico a cerca de 370 nm. No entanto, observou-se um alargamento do pico nesta região de comprimento de onda para o SMA-1/Ag, como se pode ver na figura 3.4, com o aumento da concentração de NPs de Ag. Este alargamento é observado mesmo quando uma baixa percentagem em peso de NPs de Ag é incorporada no polímero modificado. Esta observação é indicativa da incorporação eficiente de NPs Ag na matriz polimérica e das alterações nas propriedades dieléctricas do ambiente circundante do polímero.

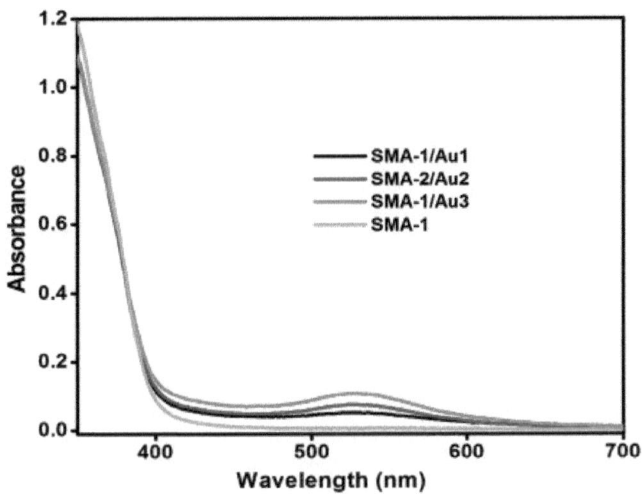

Figura 3.5: Espectros de absorção UV-Visível de SMA-1, SMA-1/Au1, SMA-1/Au2 e SMA-1/Au3 em solução DMF

A figura 3.5 mostra uma comparação dos espectros de absorção de um fotão de SMA-1 com os de SMA-1/Au3. Pode notar-se que os espectros UV-Vis de SMA-1/Au apresentam um pico a 530 nm, que pode ser atribuído ao SPR inerente às NPs Au, juntamente com as bandas de absorção que surgem devido ao SMA-1.

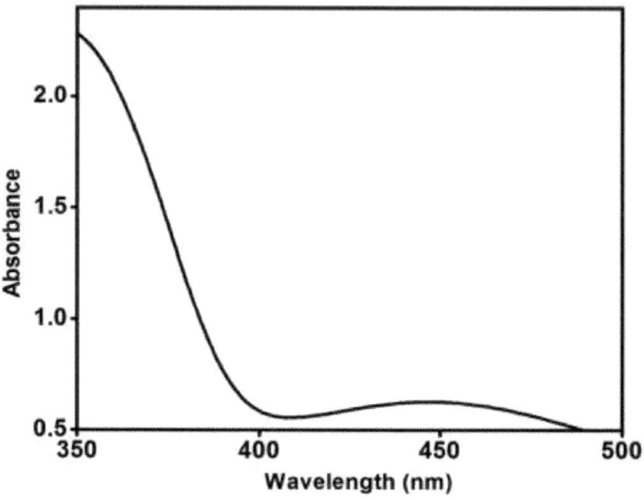

Figura 3.6: Espectro de absorção UV-Vis de PNCs com 2 wt% de Ag
NPs

Quando a percentagem em peso de NPs Ag é quase 2 (figura
3.6), foi observado o pico plasmónico de superfície das NPs Ag com um
desvio de 450 nm nos espectros de absorção de um fotão dos PNCs. A
alteração das propriedades dieléctricas das NPs Ag na presença de
polímero ou a aglomeração a uma maior percentagem em peso de NPs Ag
é responsável pelo desvio para o vermelho observado nos espectros.

3.3.   3Propriedades térmicas   dos nanocompósitos poliméricos

Os estudos térmicos de SMA-1 e PNCs com NPs de Ag e Au
foram efectuados utilizando as técnicas TGA e DSC.

Análise termogravimétrica (TGA) de nanocompósitos poliméricos

Tem sido referido que a incorporação de materiais inorgânicos de dimensão nanométrica (sílica, óxidos de metais de transição, fosfatos metálicos, nanoargilas, nanometais e calcogenetos metálicos) na matriz polimérica pode melhorar a estabilidade mecânica e térmica.[33]

A fim de investigar a influência das NPs Ag/Au nas temperaturas de transição térmica do copolímero SMA modificado, foram registadas curvas TGA para três amostras de polímero (SMA-1, SMA-1/Ag3 e SMA-1/Au3). Estas curvas TGA são apresentadas na figura 3.7.

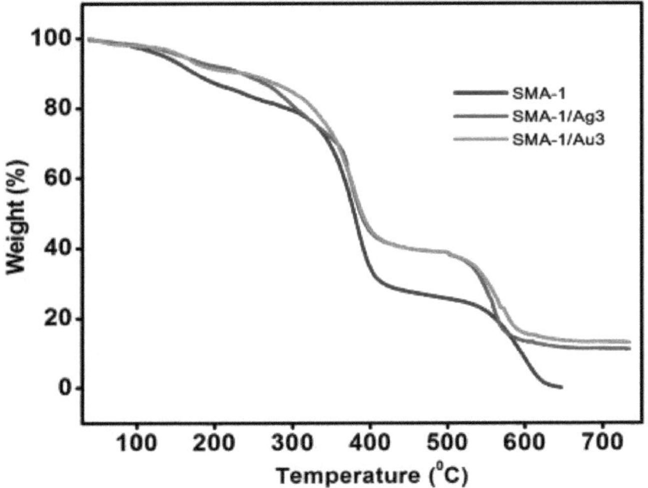

Figura 3.7: Termograma TGA de SMA-1, SMA-1/Ag3 e SMA-1/Au3

É evidente, a partir das curvas TGA dos polímeros representados na figura 3.7, que a % de perda de peso nos nanocompósitos é inferior à % de perda de peso no SMA-1. Este facto indica que a incorporação de NPs Ag/Au no SMA-1 melhora a estabilidade térmica do SMA-1/Ag3 e do SMA-1/Au3. Além disso, o termograma do SMA-1 mostra uma perda de peso em três fases. A primeira fase de perda de peso situa-se na gama de 125⁰ C, correspondendo a 4% de perda de peso, e é seguida por uma perda de peso acentuada na gama de temperaturas de 180 C-410^{00} C. Este facto corresponde à decomposição da espinha dorsal do polímero. A degradação completa do SMA-1 ocorre a 650^0 C. A fim de estudar o efeito das NPs Ag/Au na estabilidade térmica do SMA-1, as curvas TGA do SMA-1/Ag3 e do SMA-1/Au3 são comparadas com as do SMA-1. Os dois termogramas de SMA-1/Ag3 e SMA-1/Au3 são quase semelhantes, indicando que têm a mesma estabilidade térmica. Além disso, as curvas TGA de SMA-1/Ag3 e SMA-1/Au3 revelam que 8% e 10% da massa não é decomposta. Assim, a incorporação de NPs de Ag e Au aumenta a estabilidade térmica do SMA-1. A estabilidade térmica melhorada dos nanocompósitos Ag/Au é atribuída à interação física das NPs com a matriz polimérica hospedeira.[33]

Análise calorimétrica diferencial de varrimento (DSC) de nanocompósitos poliméricos

As propriedades térmicas, como a temperatura de transição de fase e a entalpia de transição de fase dos PNCs, são parâmetros importantes para aplicações efectivas de armazenamento de energia térmica.[34-38] A temperatura de transição e a capacidade térmica dos PNCs dependem da estrutura do copolímero hospedeiro, do tipo e da concentração dos materiais convidados componentes. As temperaturas de mudança de fase e a entalpia de mudança de fase podem ser determinadas com precisão por análise DSC. Os traços DSC de três polímeros são registados em atmosfera N_2 e estes termogramas DSC são apresentados na figura 3.8. As temperaturas de transição vítrea e de fusão são obtidas a partir dos termogramas DSC e os valores são apresentados na tabela 3.2.

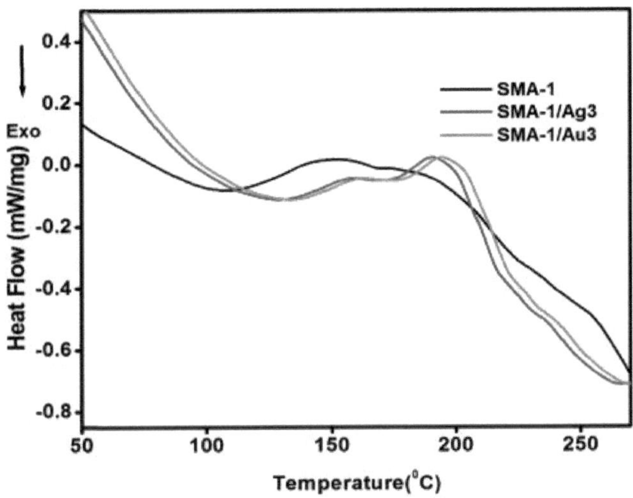

Figura 3.8: Termograma DSC de SMA-1, SMA-1/Ag3 e SMA-1/Au3

Estes termogramas DSC indicam que existem dois picos endotérmicos no termograma de cada polímero. Estes são devidos à transição vítrea e à fusão das amostras de polímero. As duas temperaturas de transição de fase são calculadas para as três amostras de polímero (SMA-1, SMA-1/Ag3 e SMA-1/Au3) e estão tabuladas na tabela 3.2.

Tabela 3.2: Temperatura de transição vítrea (Tg) e temperatura de fusão (Tm) de SMA-1, SMA-1/Ag3 e SMA-1/Au3

Nome da amostra	Tg (^{0} C)	Tm (^{0} C)
SMA-1	148	194
SMA-1/Ag3	154	201
SMA-1/Au3	157	206

No presente trabalho, foi observada uma alteração da Tg na SMA através da modificação com a base de Schiff. Assim, a Tg da SMA-

1 é maior do que a da SMA, que foi registada como 128^0 C.[39] Também pode ser salientado que a incorporação de NPs de metais aumenta ainda mais as temperaturas de transição. Esta observação indica que as NPs desempenham um papel importante na resistência do polímero, organizando as cadeias do polímero numa forma cristalina mais ordenada. O primeiro pico da endotérmica indica a Tg do SMA-1 e dos seus nanocompósitos. Ao modificar o SMA com a base de Schiff, verifica-se um aumento do valor de Tg para 148^0 C. Os nanocompósitos em que são incorporadas NPs Ag/Au têm valores de Tg mais elevados do que os do SMA-1. Também se regista uma tendência semelhante nas temperaturas de fusão. Assim, a modificação do SMA com base de Schiff aumentou as temperaturas de transição de duas fases e a incorporação de NPs metálicas no polímero modificado aumentou ainda mais as temperaturas de transição.

3.3. 4Estudos morfológicos do copolímero modificado e dos nanocompósitos

Análise por microscopia eletrónica de varrimento de alta resolução (HR-SEM)

O tamanho das partículas e a sua distribuição podem ser analisados por microscopia eletrónica de varrimento (SEM). Além disso, o MEV também é utilizado para examinar fracturas em superfícies. A maioria dos polímeros não é condutora e sofre variações no potencial de superfície que introduzem astigmatismo e instabilidades. Durante o carregamento, acumula-se na superfície de uma amostra não condutora, causando um brilho excessivo que dificulta a obtenção de imagens de boa qualidade. Assim, para evitar estes problemas, é frequentemente necessário revestir as amostras não condutoras com uma fina camada de ouro.[40]

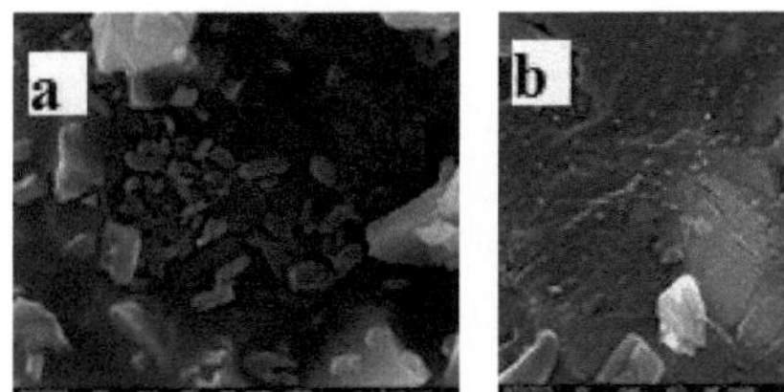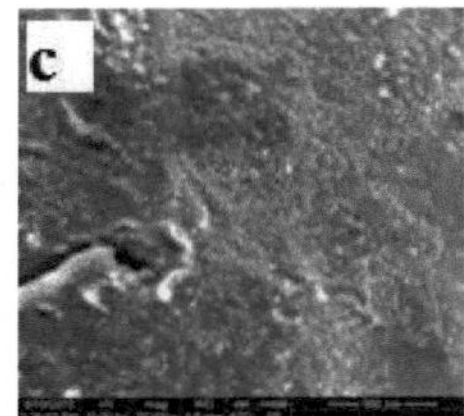

Figura 3.9: Micrografias SEM de (a) SMA-1 (b) SMA-1/Ag3 e (c) SMA-1/Au3

Foram tiradas fotografias SEM de alta resolução para três amostras de polímeros, que são apresentadas na figura 3.9. A imagem SEM do SMA-1 (figura 3.9 a) mostra estruturas em forma de bastão numa superfície lisa. Em ampliações menores, ocorre nucleação, o que é indicativo de seu comportamento cristalino.[41] As fotografias de MEV de SMA-1/Ag3 e SMA-1/Au3 foram tiradas em ampliações maiores e podem ser vistas nas micrografias de MEV desses dois PNCs (Figura 3.9 b & c) decorados com NPs de Ag/Au, respetivamente. As manchas brancas nas imagens SEM dos PNCs indicam a presença de NPs distribuídas sobre a matriz polimérica. Ao adicionar NPs, a clara aderência das NPs na superfície das estruturas em forma de bastão em SMA-1 é notada nas imagens SEM obtidas para PNCs.

Espectros de análise de raios X por dispersão de energia (EDAX) do copolímero modificado e dos seus nanocompósitos

A análise de raios X por dispersão de energia (EDAX), um método de raios X, é utilizada para determinar a composição elementar de materiais poliméricos. A técnica EDAX é um acessório dos instrumentos de microscopia eletrónica. Os dados gerados pela análise EDAX consistem em espectros que mostram os picos correspondentes aos elementos que constituem a verdadeira composição da amostra analisada. A análise EDAX foi efectuada em três amostras de polímeros e os espectros são apresentados na figura 3.10.

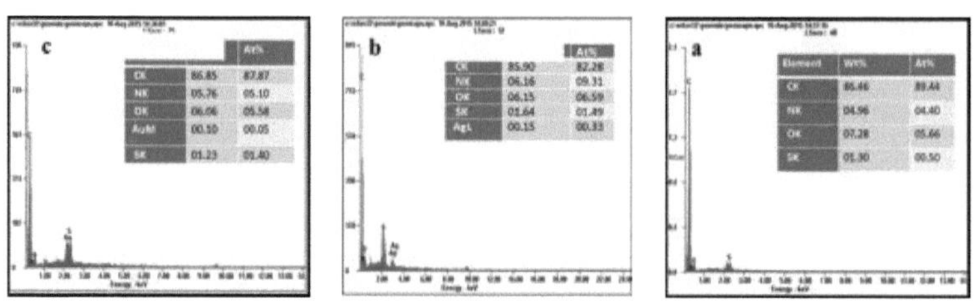

Figura 3.10: Espectros EDAX de (a) SMA-1 (b) SMA-1/Ag3 e (c) SMA-1/Au3

A análise EDAX é utilizada para investigar a composição elementar dos PNCs. O espetro EDAX do SMA-1 mostra a presença de carbono C, O, N e S (figura 3.10 a). Isto estabelece que o polímero é modificado pela incorporação de uma porção de base de Schiff na cadeia polimérica. Os espectros EDAX para SMA-1/Ag3 e SMA-1/Au3 mostram a presença de NPs de Ag (figura 3.10 b) e Au (figura 3.10 c) a uma energia de 2-4 keV nos polímeros que contêm as NPs de metais nobres.[42-43]

Análise por microscopia eletrónica de transmissão de alta resolução (HR-TEM) de nanocompósitos de polímeros

A microscopia eletrónica de transmissão (TEM) é uma ferramenta amplamente utilizada para obter informações topográficas, morfológicas, composicionais e cristalinas sobre as amostras de polímeros. As imagens TEM observam o polímero a nível molecular, tornando possível analisar a estrutura e a textura. A análise TEM pode ser utilizada para identificar falhas, fracturas e danos em amostras de tamanho micro.[44]

O HR-TEM foi utilizado para caraterizar a dimensão, a morfologia e a estrutura cristalina dos PNCs. A dispersão à escala nanométrica das NPs de Ag e Au em SMA-1 é ainda corroborada pela imagem HR-TEM representada na figura 3.11.

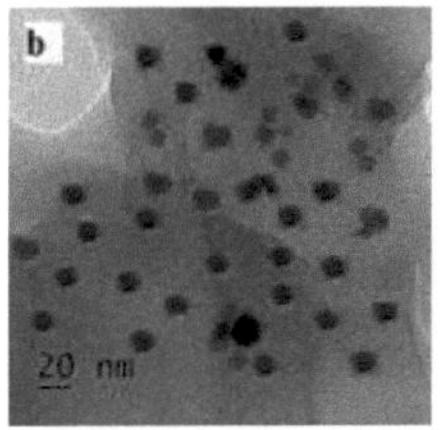
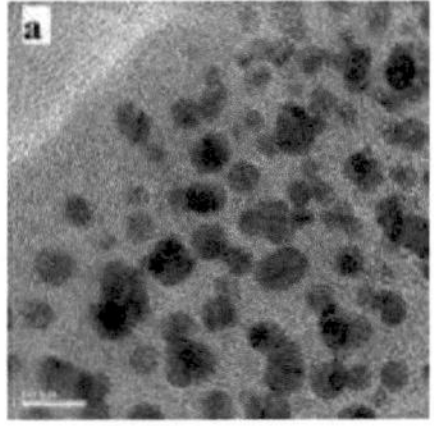

Figura 3.11:   Imagem HR-TEM de (a) SMA-1/Ag3 e (b) SMA-1/Au3.

Como mostra a figura 3.11 (a), as NPs de Ag ultrafinas estão aderidas à matriz polimérica e estas NPs têm uma forma quase esférica com uma dispersão de tamanho de 20 % de NPs (7-9 nm). Da mesma forma, a micrografia TEM da amostra SMA-1/Au NCs (figura 11 (b)) mostra que as NPs Au estão incorporadas no polímero como nanocompósito. As NPs Au têm uma forma esférica com um tamanho médio de 18 nm e têm a mesma dispersão de tamanho que as NPs Ag.

Estudos de difração de raios X (XRD)

Os polímeros e os seus nanocompósitos possuem algum grau de cristalinidade, e o grau de cristalinidade e a extensão das regiões amorfas nestes materiais determinam as propriedades físicas, térmicas e mecânicas. Na presente investigação, foram efectuados estudos de XRD em amostras de polímeros, nomeadamente, SMA-1, SMA-1/Ag3 e SMA-1/Au3. Os padrões de XRD das três amostras são apresentados na figura 3.12.

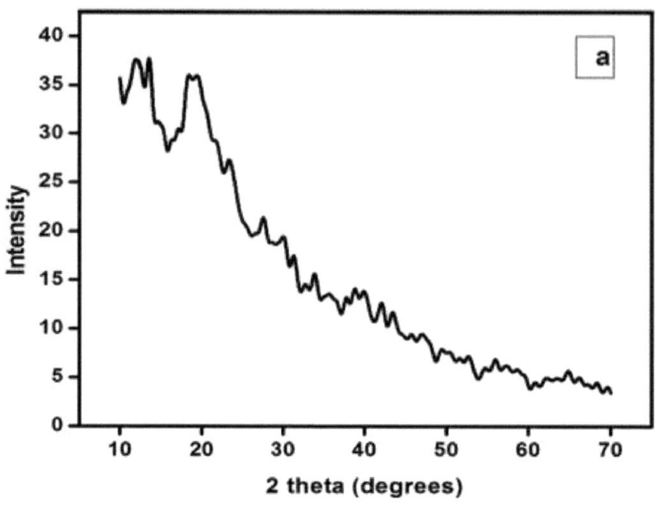

a
Intensity
2 theta (degrees)

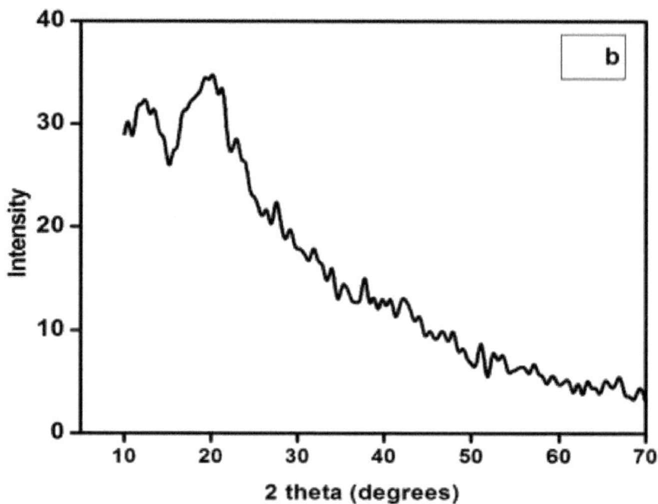

b
Intensity
2 theta (degrees)

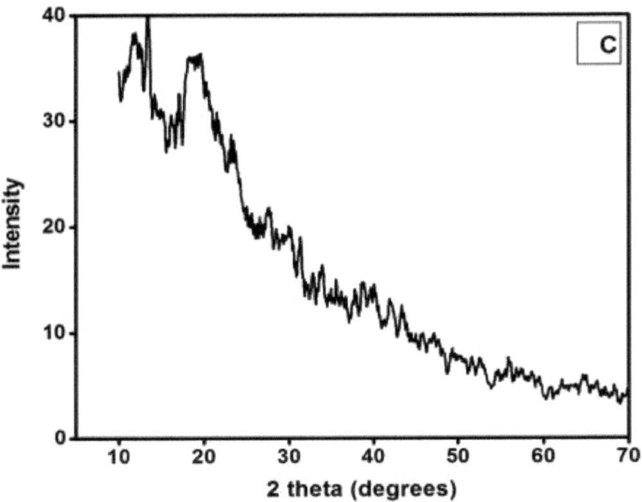

Figura 3.12: Padrões de XRD para (a) SMA-1 (b) SMA-1/Ag3 e (c) SMA-1/Au3

O padrão difuso de XRD nos três difractogramas sugere que os três polímeros são maioritariamente amorfos. No entanto, são observados picos na gama $2\theta = 10\text{-}25^0$. Esta observação sugere que existe algum grau de cristalinidade nas três amostras de polímero. Existem dois picos correspondentes a $2\theta = 22^0$ e $2\theta = 15^0$ no padrão XRD (figura 3.12 a) do SMA-1. Estas são as difracções devidas aos planos cristalinos em SMA-1. No padrão XRD de SMA-1/Ag3 (figura 3.12 b) existe um pequeno pico adicional com um valor 2θ menor devido à difração por planos de NPs Ag. Do mesmo modo, no padrão de XRD de SMA-1/Au3 (figura 3.12 c) observa-se um pico acentuado e relativamente mais forte a $2\theta = 12^0$ devido à difração pelos planos das NPs Au. Assim, os padrões de XRD dos dois nanocompósitos confirmam que estes dois PNCs contêm NPs metálicas na matriz SMA-1.

3.3.　5Propriedades ópticas não lineares　do SMA-1 e dos seus nanocompósitos

Nos últimos anos, as NPs metálicas de metais de cunhagem como Cu, Ag e Au têm recebido muita atenção devido às suas propriedades ópticas úteis.[45] Isto deve-se à oscilação de ressonância dos electrões livres, também conhecida por SPR. As NPs metálicas de dimensão nanométrica são utilizadas em fotónica, bioimagem, células solares, armazenamento ótico e sensores.[46,47] Quando a radiação laser de alta intensidade interage com as NPs metálicas, resulta numa variedade de excitação de processos não lineares que conduzem a propriedades NLO.

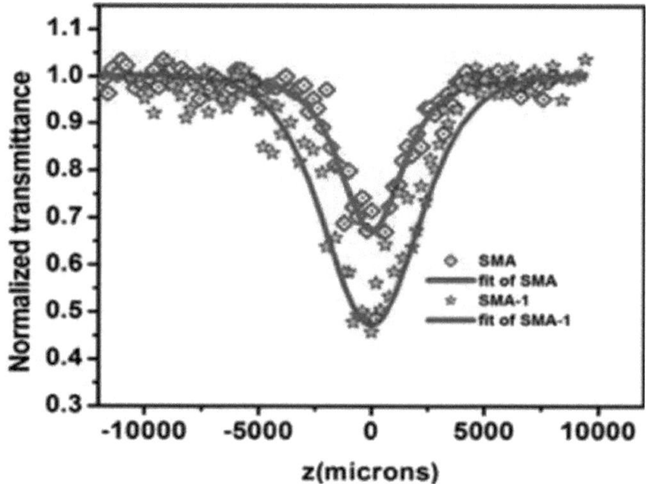

Figura 3.13 Curvas de varrimento Z de abertura aberta de SMA e SMA-1. A transmissão linear de todas as amostras é de 60 %. As amostras são excitadas com impulsos laser de 5ns a 532nm. Os símbolos indicam os dados experimentais, enquanto as linhas sólidas são os ajustes teóricos da varrimento-Z.

Na presente investigação, as NPs Ag/Au foram incorporadas no SMA-1 de modo a que o comprimento de onda de excitação esteja longe

78

e na banda SPR (regime não ressonante e ressonante). Em particular, o efeito da incorporação de NPs de metais nobres (Ag/Au) no 2PA do polímero é investigado. As propriedades ópticas limitadoras dos nanocompósitos de polímeros metálicos em função da concentração de NPs Ag/Au também são investigadas.

A absorção não linear de todas as amostras de polímero foi estudada utilizando a experiência de varrimento Z de abertura aberta normalizada (OA), na qual é medida a energia total transmitida no campo distante em função de diferentes posições da amostra (z). Foi utilizado um peso constante (0,50 g) dos polímeros, SMA e SMA-1, para manter a transmitância linear das amostras em cerca de 60%. A Figura 3.13 mostra as curvas OA Z-scan medidas para os polímeros não modificados SMA e SMA-1. A queda na transmitância perto do foco é indicativa da absorção não linear no polímero puro e nos seus nanocompósitos metálicos. Observa-se que a absorção linear para o polímero puro é insignificante acima de 400 nm e o comprimento de onda de excitação de 532 nm está afastado do pico de absorção. O mergulho observado na curva de varrimento Z é atribuído ao 2PA no polímero e nos PNCs. A teoria proposta por Sheikh-Bahae et al.[48] pode ser utilizada para interpretar os coeficientes de absorção de dois fotões (2PA) determinados experimentalmente para as diferentes amostras, assumindo perfis espaciais e temporais, tendo sido efectuado um ajuste adequado para as curvas de varrimento Z medidas. A curva sólida é o ajuste numérico de acordo com a equação e os círculos são pontos de dados. O comportamento de transmissão não linear das amostras sintetizadas pode ser expresso em termos do coeficiente de absorção não linear efectiva ($\alpha(I)$) definido pela seguinte expressão:

$$\alpha(I) = \frac{\alpha_0}{1+(I/I_s)} + \beta I$$

(3.1)

em que, α_0 é o coeficiente de absorção linear não saturado no comprimento de onda de excitação, I é a intensidade do laser de entrada, I_s é a intensidade de saturação β_{eff} é o coeficiente de absorção não linear efetivo. O coeficiente 2PA para o SMA puro foi de 0,8 X 10^{-11} m/W. O coeficiente de absorção de dois fotões da SMA foi aumentado por modificação com a base de Schiff e verificou-se que era de 26 x 10^{-11} m/W. Assim, a modificação do SMA por bases de Schiff altera as propriedades ópticas lineares e não lineares.

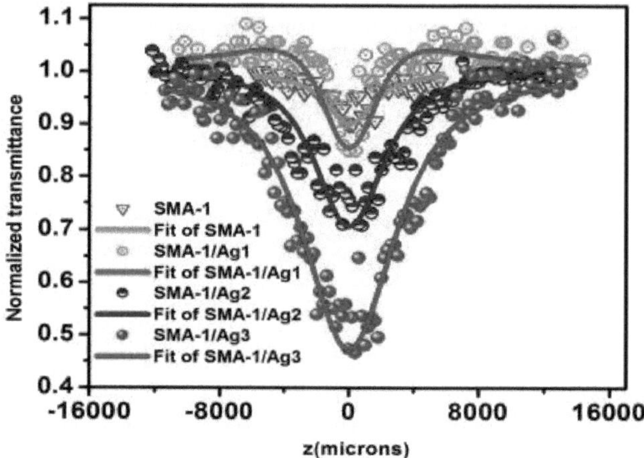

Figura 3.14: Curvas de varrimento Z de abertura aberta para SMA-1 e SMA-1/Ag1, SMA-1/Ag2, SMA-1/Ag3.

A absorção não linear nos três PNCs contendo diferentes percentagens em peso de NPs de Ag é investigada tendo em conta as contribuições do 2PA genuíno no polímero, a absorção saturável inversa nas NPs de Ag e a dispersão não linear. A Figura 3.14 mostra a comparação das curvas Z-scan medidas para o SMA-1 e os PNCs com NPs de Ag

A expressão da intensidade de entrada I(z) em função da posição z ao longo da direção de propagação é dada pela equação 3.2:

$$I(z) = \frac{I_0}{1 + z^2 / z_0^2}$$

(3.2)

A transmitância não linear do feixe laser é dada pela Eqn. 3.3:

$$\frac{dI}{dz'} = -\alpha(I)I$$

(3.3)

onde z' é a distância de propagação dentro da amostra. Os coeficientes de absorção não linear são previstos considerando o melhor ajuste entre os factos teóricos e as curvas experimentais (tabela 3.3). O coeficiente de absorção não linear é de cerca de $0,833 \times 10^{-11}$ m/W para o SMA-1. O coeficiente de absorção não linear aumenta nos PNCs quando comparado com o polímero puro. Para o SMA-1/Ag3, o coeficiente de absorção não linear é de $0,1 \times 10^{-8}$ m/W. É muito mais elevado do que o do polímero puro. É de esperar um erro de 20-25 % nas medições se houver uma flutuação na intensidade do laser. O aumento do coeficiente de absorção não linear com o aumento da concentração de NPs metálicas pode ser explicado da seguinte forma. As NPs Ag sozinhas exibem uma forte absorção não linear a 532 nm, tal como referido por Libermanet al.[49] No entanto, as amostras em estudo contêm apenas uma fração volumétrica reduzida de NPs Ag. Para um tal meio compósito em que as NPs metálicas são incorporadas numa matriz hospedeira, a suscetibilidade não linear efectiva de terceira ordem (cuja parte imaginária está relacionada com o coeficiente de absorção de dois fotões) é dada pela equação 3. 4:

$$\chi_{eff}^{(3)} = pf^2|f|^2\chi_m^{(3)}$$

(3.4)

onde p é a fração volumétrica de NPs metálicas embebidas na matriz hospedeira linear, f é o fator de campo local que representa a relação entre um campo elétrico local no interior de uma nanopartícula e um campo ótico aplicado externamente. O fator de campo local f é dado pela equação 3.5:

$$f = \frac{3\epsilon_d}{\epsilon_m + 2\epsilon_d}$$

(3.5)

onde, ϵd é a constante dieléctrica da matriz hospedeira e m ($\equiv$m'+im'') é a constante dieléctrica das NPs metálicas. Venkatesh Mamidala et al.[50] relataram que o campo de dispersão aprimorado das NPs metálicas pode alterar as propriedades ópticas não lineares de terceira ordem da matriz hospedeira também no regime não ressonante (o comprimento de onda de excitação está longe da banda SPR). Utilizando cálculos de aproximação de dipolo discreto (DDA) e as suas experiências em NPs de Fe O$_{34}$ -Ag, verificou-se que o aumento depende do tamanho da nanopartícula de Ag e que é gerado um maior campo elétrico por nanopartículas de Ag maiores.[50]

A partir destas experiências, pode concluir-se que a absorção não linear depende principalmente da concentração de NPs de Ag no nanocompósito. Especificamente, o coeficiente de absorção não-linear dos PNCs mostra um aumento com o aumento da concentração de NPs Ag. Isto pode ser explicado da seguinte forma. Quando as NPs de Ag são ligadas a uma matriz hospedeira (polímero, no nosso caso), esta última é exposta ao campo elétrico melhorado disperso pela nanopartícula metálica. Assim, a polarização não linear efectiva de terceira ordem da matriz hospedeira (polímero) é agora dada pela equação 3.6:

$$P = \varepsilon_0 \chi_{eff}^{(3)} E_{eff}^3$$

(3.6)

onde, E_{eff} é o campo elétrico disperso melhorado devido às NPs metálicas. E_{eff} torna-se mais fraco com o aumento da distância à superfície das nanopartículas de Ag. Como resultado, diferentes pontos do polímero experimentam diferentes aumentos, uma vez que E_{eff} num determinado ponto do polímero depende da distância radial entre o ponto e a nanopartícula de Ag (R). Assim, o polímero está a experimentar uma média $\langle E_{eff}^3 \rangle$ que, por sua vez, é uma função de (R) e da orientação das NPs metálicas. O aumento da concentração de NPs metálicas aumenta nos pontos que experimentam o campo disperso melhorado, o que, por sua vez, também pode aumentar a absorção não linear efectiva, que é determinada pela parte imaginária de $\chi_{eff}^{(3)}$. O coeficiente de absorção não linear efectiva estimado para diferentes concentrações de NPs Ag é apresentado na tabela 3.3. Isto indica que, com a adição de cerca de 0,15 % em peso de Ag ao polímero puro, o coeficiente de absorção não linear efectiva pode ser melhorado para cerca de duas a três ordens.

Tabela 3.3: Coeficiente de absorção efectiva de dois fotões (β_{eff}) e limiar de limitação ótica calculados para os **nanocompósitos** SMA-1/Ag

Amostra	β_{eff} (m/W)	Transmissão linear	Limiar de limitação J/m^2
SMA-1	0.833 X 10^{-11}	0.70	142
SMA-1/Ag1	27.2X10^{-11}	0.70	23
SMA-1/Ag2	64 X 10^{-11}	0.70	16
SMA-1/Ag3	116 X 10^{-11}	0.70	8

À medida que a concentração de NPs Ag aumenta, o número de pontos quentes (regiões de maior intensidade devido a plasmões localizados) também aumenta, resultando numa maior absorção não linear. Assim, os nossos estudos indicam que a inclusão de NPs de Ag no polímero SMA-1 pode influenciar grandemente a polarização ótica deste último, alterando assim consideravelmente a sua resposta ótica não linear de terceira ordem. O efeito térmico induzido pelos impulsos mais longos (ns) também pode contribuir para o 2PA observado juntamente com a não linearidade intrínseca. Observa-se uma tendência semelhante no caso dos nanocompósitos de Ag com polímero conjugado dador-aceitador. [51]

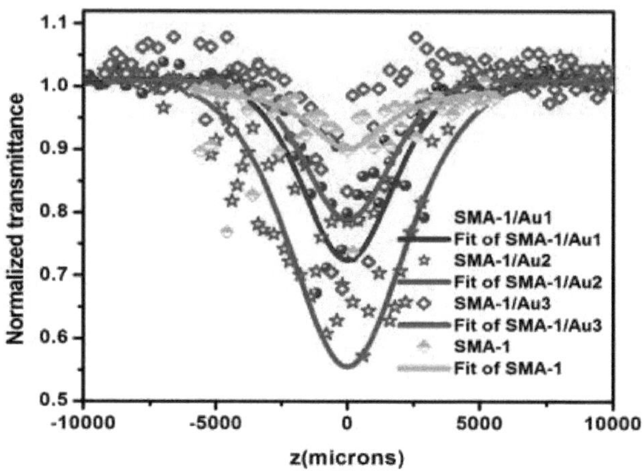

Figura 3.15: Curvas de varrimento Z de abertura aberta de SMA-1, SMA-1/Au1, SMA-1/Au2 e SMA-1/Au3

O efeito da incorporação de NPs Au na matriz polimérica modificada foi verificado e as propriedades 2PA foram especuladas. As NPs Au foram introduzidas na matriz polimérica por sonicação com ultra-sons. Foram utilizadas três amostras: SMA-1/Au1, SMA-1/Au2 e SMA-1/Au3 com a % em peso de NPs Au a 0,05, 0,1 e 0,15, respetivamente. A Figura 3.15 mostra a comparação das curvas Z-scan medidas para o SMA-1 e os três PNCs. O comprimento de onda de excitação de 532 nm situa-se na gama da banda plasmónica das NPs Au, o que conduz a uma absorção saturável nas NPs Au aquando da excitação laser. A absorção saturável é um fenómeno em que o coeficiente de absorção diminui com o aumento da intensidade, em resultado do branqueamento da população do estado fundamental. Trata-se de um processo não linear de um fotão. O polímero apresenta 2PA puro a 532 nm. Por conseguinte, o efeito da absorção saturável também é incluído no ajuste da curva, tal como indicado pela equação de Sheikh-Bahae et al.[48] A transmitância linear foi mantida a 70% para esta experiência específica. Utilizando este modelo, β_{eff} e I_s foram determinados para os PNCs. Este modelo ajuda a determinar os valores de β_{eff} e o coeficiente 2PA efetivo. Pode ter contribuições de absorção de estado excitado, efeito térmico, dispersão não linear, etc., para além do 2PA puro (absorção simultânea de dois fotões) no SMA-1. Os valores de β_{eff} determinados para a SMA modificada e a amostra SMA-1/Au2 foram 0,833 X 10^{-11} m/W e 49 X 10^{-11} m/W, respetivamente.

Os resultados das experiências sugerem que a adição de NPs Au no polímero conduz a uma melhoria do 2PA (~ 50 vezes). Este tipo de melhoria foi relatado por trabalhadores anteriores sobre a adição de NPs Ag/Au em polímeros conjugados dador-aceitador e outros sistemas como ZnO/Ag, Fe O_{34} -Ag, etc.[50,52] Sabe-se que as NPs Ag/Au geram grandes campos eléctricos locais na superfície e perto da superfície devido à SPR, pelo que a incorporação dessas NPs metálicas num polímero pode alterar significativamente as propriedades ópticas lineares e não lineares deste último, o que pode ainda ser atribuído à grande polarização ótica aliada à SPR. O coeficiente de absorção não linear efetivo estimado para diferentes concentrações de NPs Ag é apresentado na tabela 3.4

Tabela 3.4: Coeficiente de absorção efectiva de dois fotões (β_{eff}) e limiar de limitação ótica calculados para os nanocompósitos SMA-1/Au.

Amostra	β_{eff} (m/W)	Transmissão linear	Limiar de limitação J/m^2
SMA-1	0.833 X 10^{-11}	0.70	142
SMA-1/Au1	22X10^{-11}	0.70	32
SMA-1/Au2	49X 10^{-11}	0.70	11
SMA-1/Au3	28 X 10^{-11}	0.70	23

No comprimento de onda de excitação de 532 nm, verifica-se uma absorção eficiente de um fotão nas NPs Au. O relaxamento do estado excitado ocorre de forma constante quando comparado com a taxa de excitação da bomba, o que leva a uma absorção saturável. Espera-se um aumento das propriedades ópticas não lineares aquando da excitação na posição de pico da SPR, devido ao grande campo elétrico local associado às NPs metálicas. A absorção linear também atinge um máximo neste comprimento de onda, o que, por sua vez, pode diminuir o coeficiente de dois fotões. A SMA-1/Au3 apresenta uma maior absorção de um fotão do que a SMA-1/Au2, o que se deve a uma maior concentração de NPs Au na SMA-1/Au3. Como resultado, a intensidade de absorção saturável aumenta e o coeficiente 2PA sofre uma diminuição em SMA-1/Au3. No entanto, todos os três nanocompósitos poliméricos mostram um coeficiente 2PA melhorado em comparação com o polímero SMA-1. A concentração de NPs Au desempenha um papel importante na determinação do coeficiente 2PA efetivo quando o comprimento de onda de excitação é ressonante com a banda SPR. Nesses casos, a absorção de um fotão nas NPs Au torna-se predominante em concentrações maiores de Au, o que, por sua vez, pode levar a uma redução do coeficiente 2PA efetivo do polímero.

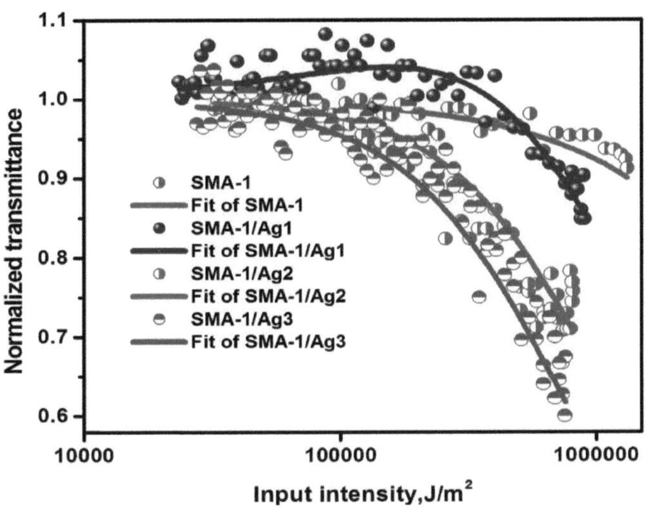

Figura 3.16: Limitação ótica de SMA-1, SMA-1/Ag1, SMA-1/Ag2, SMA-1/Ag3

O efeito da concentração de NPs de Ag nas propriedades ópticas limitadoras dos nanocompósitos de polímeros metálicos foi investigado e a figura 3.16 mostra a transmitância normalizada das amostras SMA-1, SMA-1/Ag1, SMA-1/Ag2 e SMA-1/Ag3 em função da intensidade de entrada. A fluência de entrada na qual a transmissão cai para 50% da transmissão linear dos PNCs é uma função da concentração de NPs Ag. Verifica-se que estes valores são quase 142 J/m^2 , 23J/m^2 , 16 J/m^2 e 8 J/m^2 para SMA-1, SMA-1/Ag1, SMA-1/Ag2 e SMA-1/Ag3, respetivamente. O coeficiente de limitação ótica medido em SMA-1 é uma ordem de grandeza maior do que nos nanocompósitos de Ag. Com a inclusão de NPs de Ag na matriz polimérica, o limiar de limitação ótica diminuiu mais do que no caso do polímero modificado. Isto é atribuído ao aumento do 2PA no polímero como resultado do campo elétrico local gerado pelas NPs Ag. De acordo com os nossos estudos, os nanocompósitos de polímero e Ag podem ser considerados como candidatos superiores para aplicações de limitação da potência ótica nos comprimentos de onda distantes do SPR. Observa-se uma tendência semelhante no caso de nanoclusters e NPs de Ag dispersos num hospedeiro de vidro.[53] A fração volumétrica de NPs de Ag adicionadas ao polímero é influente na adaptação do limiar de limitação ótica.

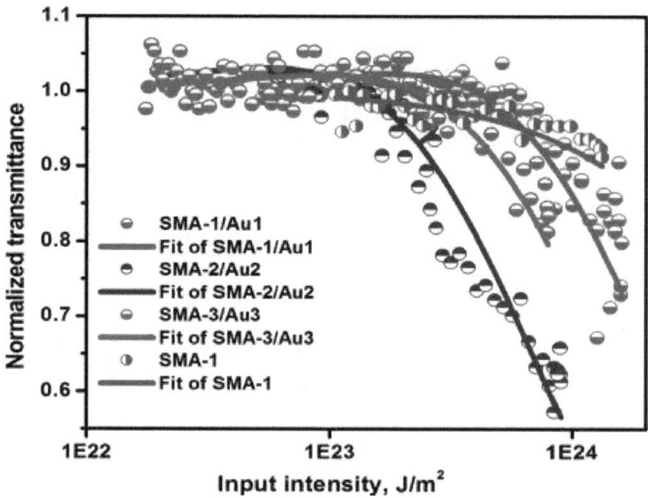

Figura 3.17: Limitação ótica de SMA-1, SMA-1/Au1, SMA-1/Au2, SMA-1/Au3 .

A limitação ótica é uma área importante em que a absorção multifotónica em nanocompósitos encontra aplicação. Pode ser descrito como um fenómeno não linear em que a transmissão de um meio diminui com o aumento da intensidade do laser de entrada. Espera-se que um limitador ótico ideal tenha um limiar de limitação baixo, um tempo de resposta rápido, uma transmitância linear elevada na gama espetral de funcionamento, danos ópticos elevados e estabilidade. Outros mecanismos, como a absorção saturável inversa, a absorção no estado excitado, a absorção de portadores livres, a dispersão não linear, etc., também contribuem efetivamente para as propriedades limitadoras ópticas de um material.[54] A Figura 3.17 mostra o gráfico da transmitância em função da intensidade de entrada para o polímero puro e os nanocompósitos poliméricos. O limiar de limitação ótica é definido como a fluência do laser a partir da qual a transmitância desce para metade da sua transmitância linear e é determinado pela extrapolação das curvas registadas. O limiar limite dos nanocompósitos e do polímero puro foi de 11 J/m^2 (SMA-1/Au1), 23 J/m^2 (SMA-1/Au2) e 142 J/m^2 (SMA-1), respetivamente. Observa-se que o limiar é reduzido por um fator de dez com a adição de NPs Au à matriz polimérica. Isso se deve ao aumento do 2PA nos PNCs, que é resultado do efeito de campo local induzido pelas NPs metálicas. A partir dos resultados experimentais, há uma indicação clara de que o coeficiente 2PA e o limiar de limitação ótica de um polímero apresentam um enriquecimento pela incorporação de NPs Au, oferecendo assim uma plataforma para adaptar as propriedades NLO em nanocompósitos.

3.3. 6Estudos biológicos

Atividade antibacteriana de SMA-1/Ag3

O método de difusão em disco foi efectuado utilizando bactérias gram-negativas - *E.Coli* para avaliar o potencial antibacteriano da amostra SMA-1/Ag3.[55]

Foram testadas diferentes concentrações das amostras dispersando-as em dimetilsulfóxido (DMSO) e os resultados são apresentados na figura 3.18. Os resultados mostram que, quando a concentração aumenta, a atividade antibacteriana aumenta e a zona de inibição é máxima para 75 µg/mL, como se mostra na tabela 3.5.

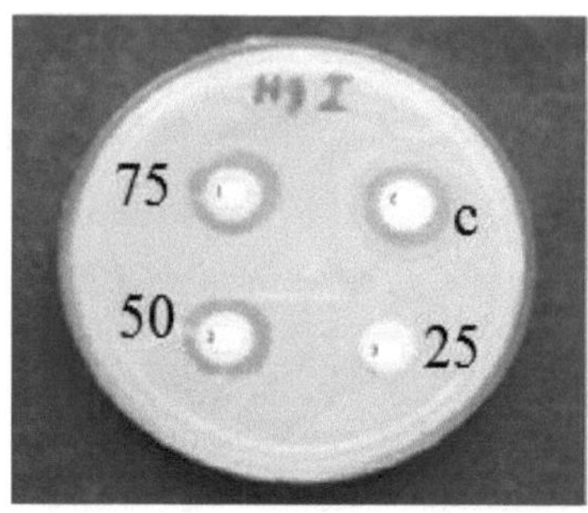

Figura 3.18: Efeito de diferentes concentrações de SMA-1/Ag3 na zona de inibição

Tabela 3.5: Concentração e correspondente zona de inibição de SMA-1/Ag3

Concentração (µg/mL)	Zona de inibição (mm)
Controlo	13
25	2
50	13
75	14

Potencial de cicatrização de feridas *in vitro* de SMA-1/Ag3 em linhas celulares de fibroblastos 3T3

O SMA é um copolímero com diferentes aplicações farmacêuticas.[56] Foi referido que a salicilaldeído tiossemicarbazona apresenta uma boa atividade antibacteriana e antifúngica.[55,57] Nos últimos anos, tem-se verificado uma utilização crescente de NPs de Ag para o controlo de múltiplos processos médicos e a utilização da nanotecnologia no desenvolvimento de material de penso para feridas.[58] Os nanocompósitos utilizados no presente trabalho contêm NPs de Ag e, por conseguinte, o potencial de cicatrização de feridas dos nanocompósitos sintetizados foi avaliado através do ensaio MTT *in vitro* e do ensaio de feridas por arranhões utilizando linhas celulares 3T3. A eficácia das amostras foi estudada utilizando a viabilidade celular *in vitro*. Os testes de viabilidade celular foram efectuados de acordo com o protocolo de Creppy et al.[59]

A percentagem de viabilidade celular em função da concentração da amostra em µg /mL é apresentada na figura 3.19. Após o período experimental de 24 horas e 48 horas de incubação, o número de células viáveis diminuiu quando comparado com o controlo. Observou-se que a percentagem de viabilidade era de 95% para 50 µg/mL. Com concentrações mais elevadas, a percentagem de células viáveis começou a diminuir.

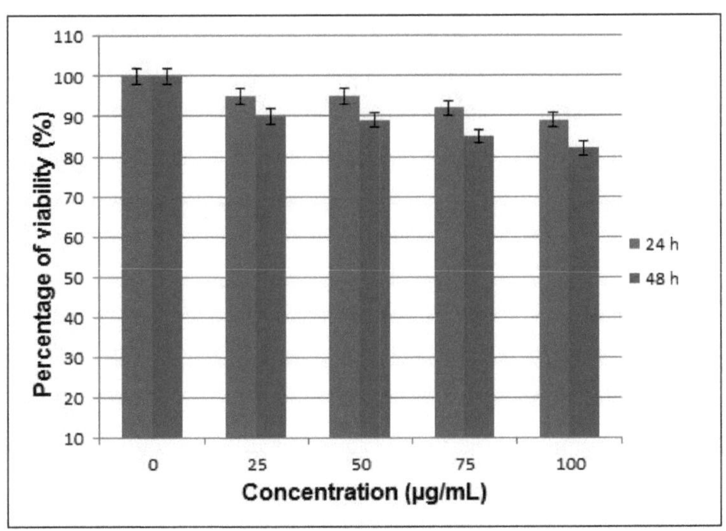

Figura 3.19: Percentagem de viabilidade celular de células 3T3 em SMA-1/Ag3

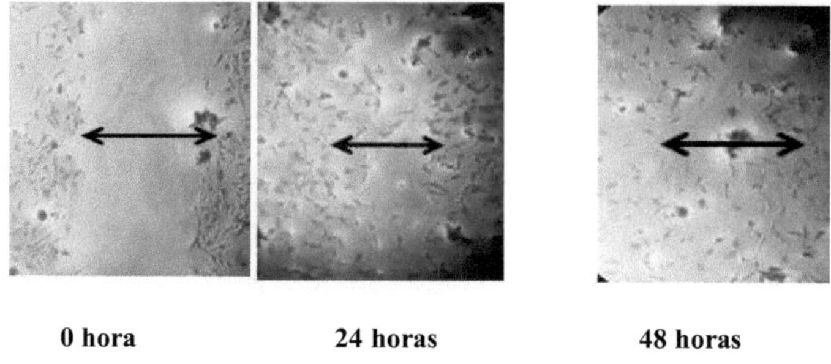

Figura 3.20: Cicatrização de feridas *in vitro* de células 3T3 tratadas com SMA-1/Ag3

A proliferação e a migração das células 3T3 foram estudadas através de um ensaio de cicatrização de feridas *in vitro* em cultura confluente. A proliferação celular é um evento essencial durante a reepitelização, pelo que a proliferação de fibroblastos no local da ferida assegura um fornecimento adequado de células para migrar e cobrir a superfície da ferida. A síntese de uma matriz extracelular (ECM) é uma caraterística essencial da cicatrização de feridas. A reconstrução dérmica é caracterizada pela formação de tecido de granulação, que inclui a proliferação celular, a deposição de ECM, a contração da ferida e a angiogénese.

A taxa de migração das células 3T3 foi avaliada até à cicatrização completa. Depois de fazer feridas de raspagem, as células foram suplementadas com 50 µg/mL de SMA-1/Ag3 e foram tiradas fotomicrografias utilizando um microscópio invertido para avaliar a cicatrização em diferentes intervalos de tempo. Com base no ensaio MTT e no ensaio de feridas de raspagem *in vitro*, a SMA-1/Ag3 mostrou um aumento da migração e da proliferação de células 3T3 de fibroblastos (figura 3.20). A migração e a proliferação de células 3T3 foram observadas para confirmar a atividade terapêutica da SMA-1/Ag3 na cicatrização de feridas.

REFERÊNCIAS

1. Raţă, D. M.; Popa, M.; Chailan, J. F.; Zamfir, C. L.; Peptu, C. A. Avaliação das propriedades biomateriais de nanocápsulas de poli (acetato de vinil-anidrido alt-maleico) / quitosana. *J. Nanoparticle Res.* **2014**, *16* (8), 1-10.

2. Sunel, V.; Popa, M.; Dumitriu, C. L.; Ciobanu, A.; Bunia, I.; Popa, A. A. Compostos Heterocíclicos com Potencial Atividade Biológica Acoplados a Poli(Anidrido Maleico-Alto-Vinil Acetato). *React. Funct. Polym.* **2005**, *65* (3), 367-380.

3. Popescu, I. Pharmaceutical Applications of Maleic Anhydride / Acid Copolymers (Aplicações Farmacêuticas de Anidrido Maleico / Copolímeros Ácidos). *2*, 281-309.

4. Braun, D.; Sauerwein, R.; Hellmann, G. P. Polymeric Surfactants from Styrene-Co-Maleic-Anhydride Copolymers. *Macromol. Symp.* **2001**, *163*, 59-66.

5. Trivedi, B. C.; Culbertson, B. M. Maleic Anhydride. *Ashl. Chem. Co.* **2015**, 1-675.

6. Atici, O. G.; Akar, A.; Rahimian, R. Modificação de Poli (Anidrido Maleico-Co-Estireno) com Compostos que Contêm Hidroxilo. *Turkish J. Chem.* **2001**, *25* (3), 259-266.

7. Henry, S.; El-Sayed, M.; Pirie, C. Copolímeros de alquilamida de poli (estireno-alta-anidrido maleico) responsivos ao PH para administração intracelular de medicamentos. *Biomacromolecules* **2006**, *7*, 2407-2414.

8. Li, Z.; Song, Y.; Yang, Y.; Yang, L.; Huang, X.; Han, J.; Han, S. Rhodamine-Deoxylactam Functionalized Poly[Styrene-Alter-(Maleic Acid)]s as Lysosome Activatable Probes for Intraoperative Detection of Tumors. *Chem. Sci.* **2012**, *3* (10), 2941-2948.

9. Wang, K.; Huang, W.; Xia, P.; Gao, C.; Yan, D. Fluorescent

Polymer Made from Chemical Modification of Poly(Styrene-Co-Maleic Anhydride). *React. Funct. Polym.* **2002**, *52* (3), 143-148.

10. Gule, N. P.; Bshena, O.; De Kwaadsteniet, M.; Cloete, T. E.; Klumperman, B. Derivados de Furanona Imobilizados como Inibidores para a Adesão de Bactérias em Poli (Estireno-Co - Anidrido Maleico) Modificado. *Biomacromolecules* **2012**, *13* (10), 3138-3150.

11. Maeda, H. SMANCS e fármacos macromoleculares conjugados com polímeros: Vantagens na Quimioterapia do Cancro. *Adv. Drug Deliv. Rev.* **2001**, *46* (1-3), 169-185.

12. Liu, X.; Yang, Z.; Wang, D.; Cao, H. Estruturas moleculares e propriedades ópticas não lineares de segunda ordem de materiais de cristais orgânicos iónicos. *Cristais* **2016**, *6* (12), 158.

13. Bridget A, M.; Sobola, A.; Sherif, A.; Adeolu, E. O.; A Olufemi, G. A.; Garrithin, W. Síntese, electrospinning e caraterização de polivinilmetilcetona de base de Schiff e 2-Amino,4,6-Dihydroxylpyrimidine. *J. Org. Inorg. Chem.* **2017**, *02* (02), 1-6.

14. Zhang, Y.; Wang, Y. Propriedades ópticas não lineares de nanopartículas metálicas: Uma revisão. *RSC Adv.* **2017**, *7* (71), 45129-45144.

15. Alhamdani, A. H.; Dawood, Y. Z.; Jaber, M. M. Enhancing the Nonlinear Optical Properties of Organic Dye By Using Nanoparticle Compounds. *J. Eng. App. Sci.* **2017**, *12* (2), 477-480.

16. Smirnova, T. N.; Rudenko, V. I.; Hryn, V. O. Propriedades ópticas não lineares de nanocompósitos de polímero com uma distribuição aleatória e periódica de nanopartículas de prata. **2018,** 333-342.

17. Knoppe, S.; Vanbel, M.; van Cleuvenbergen, S.; Vanpraet, L.; Bürgi, T.; Verbiest, T. Nonlinear Optical Properties of Thiolate-Protected Gold Clusters. *J. Phys. Chem. C* **2015**, *119* (11), 6221-

6226.

18. Chen, F.; Dai, S.; Xu, T.; Shen, X.; Song, B.; Lin, C.; Wang, X.; Liu, C.; Xu, K.; Heo, J. Aumento induzido por ressonância de plasma de superfície deslocada para vermelho de não linearidades ópticas de terceira ordem em nanoclusters de prata incorporados em vidros Bi_2O_3-B_2O_3-TiO_2pseudo-ternários. *J. Opt. Soc. Am. B* **2011**, *28* (5), 1283.

19. Chen, F.; Dai, S.; Lin, C.; Yu, Q.; Zhang, Q. Performance Improvement of Transparent Germanium-Gallium-Sulfur Glass Ceramic by Gold Doping for Third-Order Optical Nonlinearities. *Opt. Express* **2013**, *21* (21), 24847-24855.

20. Zhao, M.; Peng, R.; Zheng, Q.; Wang, Q.; Chang, M. J.; Liu, Y.; Song, Y. L.; Zhang, H. L. Resposta limitadora ótica de banda larga de um nanohíbrido de grafeno-PbS. *Nanoscale* **2015**, *7* (20), 9268-9274.

21. Subha, R.; Nalla, V.; Yu, J. H.; Jun, S. W.; Shin, K.; Hyeon, T.; Vijayan, C.; Ji, W. Fotoluminescência eficiente de pontos quânticos ZnS dopados com Mn2+ excitados pela absorção de dois fótons na janela II do infravermelho próximo. *J. Phys. Chem. C* **2013**, *117* (40), 20905-20911.

22. Jędrzejewska, B.; Gordel, M.; Szeremeta, J.; Krawczyk, P.; Samoć, M. Síntese e propriedades ópticas lineares e não lineares de três compostos Push-Pull Oxazol-5 (4 *H*) -One. *J. Org. Chem.* **2015**, *80* (19), 9641-9651.

23. Subha, R.; Nalla, V.; Lim, E. J. Q.; Vijayan, C.; Huang, B. B. S.; Chin, W. S.; Ji, W. Desaceleração da transferência de carga devido à recombinação Auger e seção transversal de ação de dois fótons de nanobastões segmentados CdS-CdSe-CdS. *ACS Photonics* **2015**, *2* (1), 43-52.

24.	Trujillo, A.; Fuentealba, M.; Carrillo, D.; Manzur, C.; Ledoux-Rak, I.; Hamon, J. R.; Saillard, J. Y. Síntese, propriedades espectrais, estruturais, ópticas não lineares de segunda ordem e estudos teóricos de novos complexos organometálicos de níquel(Ii) e cobre(Ii) assimétricos de base de Schiff substituídos por doadores e receptores. *Inorg. Chem.* **2010**, *49* (6), 2750-2764.

25.	Dhathathreyan, A.; Mary, N. L.; Radhakrishnan, G.; Collins, S. J. Langmuir e Langmuir-Blodgett Films of Schiff Base Modified Styrene-Maleic Anhydride Copolymers. *Macromolecules* **1996**, *29* (5), 1827-1829.

26.	Rashid, M. U.; Bhuiyan, M. K. H.; Quayum, M. E. Synthesis of Silver Nano Particles (Ag-NPs) and Their Uses for Quantitative Analysis of Vitamin C Tablets. *Dhaka Univ. J. Pharm. Sci.* **2013**, *12* (1), 29-33.

27.	Enüstün, B. V.; Turkevich, J. Coagulation of Colloidal Gold. *J. Am. Chem. Soc.* **1963**, *85* (21), 3317-3328.

28.	Rajput, R. S.; Rupainwar, D. C.; Singh, A. A Study on Styrene Maleic Anhydride Modification by Benzoic Acid Derivatives and Dimethyl Sulfoxide. *Int. J. ChemTech Res.* **2009**, *1* (4), 915-919.

29.	Nadagouda, M. N.; Varma, R. S. Síntese de carboximetilcelulose termicamente estável / nanocompósitos biodegradáveis de metal para potenciais aplicações biológicas. *Biomacromolecules* **2007**, *8* (c), 2762-2767.

30.	Abo-Baker, E.; Elkholy, S. S.; Elsabee, M. Z. Copolímero de poli (anidrido maleico de estireno) modificado para a remoção de catiões metálicos tóxicos de soluções aquosas. *Am. J. Polym. Sci.* **2015**, *5* (3), 55-64.

31.	Chettiyar, K. S.; Sreekumar, K. Síntese e caraterização de quelatos metálicos de base de Schiff suportados por polímeros. **2003**, *42* (março), 499-505.

32. Padhye, S.; Anson, C.; Powell, A. K. Synth Es Is, Characterization and Ill Vitro Anticancer Acti Vities of Semicarbazone and Thiosemicarbazone Derivatives of Salicylaldehyde and Their Copper Complexes against Human Breast Cancer Cell Line MCF-7. *Indian J. Chem.* **2004**, *Vol. 43A,* (agosto), 1654-1658.

33. Sanchez, C.; Julián, B.; Belleville, P.; Popall, M. Applications of Hybrid Organic-Inorganic Nanocomposites. *J. Mater. Chem.* **2005**, *15* (35-36), 3559-3592.

34. Dincer, I.; Rosen, M. Thermal Energy Storage Systems and Applications. *A Jhon Wiley and Sons.*2011.

35. Kaygusuz, K. Viability of Thermal Energy Storage (Viabilidade do armazenamento de energia térmica). **1999**, *21* (8), 745-755.

36. Zalba, B.; Marín, J. M.; Cabeza, L. F.; Mehling, H. Revisão sobre armazenamento de energia térmica com mudança de fase: Materiais, Análise de Transferência de Calor e Aplicações. *Appl Therm Eng.* **2003**, *23*,251-283.

37. Müller, K.; Bugnicourt, E.; Latorre, M.; Jorda, M.; Echegoyen Sanz, Y.; Lagaron, J.; Miesbauer, O.; Bianchin, A.; Hankin, S.; Bölz, U.; et al. Revisão sobre o processamento e as propriedades de nanocompósitos e nanorrevestimentos de polímeros e suas aplicações nos campos de embalagens, automotivo e de energia solar. *Nanomaterials* **2017**, *7* (4), 74.

38. Abhat, A. Armazenamento de energia térmica de calor latente a baixa temperatura: Materiais de armazenamento de calor. *Sol. Energy* **1983**, *30* (4), 313-332.

39. Liu,Y.H,; Cao,K.; Yao,Z,; Li, G. Variações da temperatura de transição vítrea na imidização de poli(estireno-co-anidrido

maleico). *J. Appl. Polym. Sci.* **2007**, *104*, 2418-2422.

40. Dale E. Newbury, David C. Joy, Eric Lifshin, Joseph I. Goldstein, e P. E. Scanning Electron Microscopy and X-Ray Microanalysis. *Springer US.* 1995, 1641-1653.

41. George, N.; Thomas, A. R.; Subha, R.; Mary, N. L. Plasmon-Enhanced, Two-Photon Absorption in Schiff-Base-Modified Poly(Styrene-Co-Maleic Anhydride)-gold Nanocomposites. *J. Appl. Polym. Sci.* **2017**, *134* (46), 1-7.

42. M. Abdulla-Al-Mamuna,b, Y. Kusumotob, G. J. I. Um estudo comparativo de desempenho da separação de carga induzida por Plasmon de Au @ TiO 2 , Au @ Fe 2 O 3 e Au @ ZnO Photocell Thin-Films. *J. Sci. Res.* **2013**, *5 (2),* 245-254.

43. El-Naggar, N.A,; Hussein, H.M,; EI-Sawah, A.A. Bio-Fabricação de Nanopartículas de Prata por Ficocianina, Caracterização, Atividade Anticâncer in Vitro contra Linha Celular de Câncer de Mama e Citotoxicidade in Vivo. *Sci. Rep.* **2017**, *7* (1), 10844.

44. Priya, A.; Singh, A.; Srivastava, N. A. Electron Microscopy - An Overview. **2017**, *5* (4), 81-87.

45. Carabineiro, S. Número Especial: Catálise de Metais de Moeda (Cobre, Prata e Ouro). *Molecules* **2016**, *21* (6), 746.

46. Venditti, I. Nanopartículas de ouro em aplicações de cristais fotónicos: A Review. *Materiais (Basileia).* **2017**, *10* (2), 1-18.

47. Shang, Y.; Hao, S.; Yang, C.; Chen, G. Melhorando a eficiência da célula solar usando materiais de conversão de fótons. *Nanomaterials* **2015**, *5* (4), 1782-1809.

48. Sheik-Bahae, M.; Said, A. A.; Wei, T. H.; Hagan, D. J.; Van Stryland, E. W. Sensitive Measurement of Optical Nonlinearities Using a Single Beam. *IEEE J. Quantum Electron.* **1990**, *26* (4), 760-769.

49. Liberman, V.; Sworin, M.; Kingsborough, R. P.; Geurtsen, G. P.; Rothschild, M. Branqueamento não linear, absorção e dispersão de nanopartículas plasmônicas irradiadas com 532 nm. *J. Appl. Phys.* **2013**, *113* (5).

50. Mamidala, V.; Xing, G.; Ji, W. Surface Plasmon Enhanced Third-Order Nonlinear Optical Effects in Ag- Fe3O4 Nanocomposites. *J. Phys. Chem. C* **2010**, 22466-22471.

51. Murali, M. G.; Dalimba, U.; Sridharan, K. Síntese, Caracterização e Propriedades Ópticas Não Lineares de Polímeros Conjugados Doador-Acetor e Nanocompósitos Polímero/Ag. *J. Mater. Sci.* **2012**, *47* (23), 8022-8034.

52. Radhu, S.; Vijayan, C.; Sandeep, S.; Philip, R. Tunable Optical Limiting Action Due to Non-Linear Absorption in ZnO/Ag Nanocomposites. *AIP Conf. Proc.* **2011**, *1349* (PARTE A), 425-426.

53. Mai, H. H.; Kaydashev, V. E.; Tikhomirov, V. K.; Janssens, E.; Shestakov, M. V.; Meledina, M.; Turner, S.; Van Tendeloo, G.; Moshchalkov, V. V.; Lievens, P. Nonlinear Optical Properties of Ag Nanoclusters and Nanoparticles Dispersed in a Glass Host. *J. Phys. Chem. C* **2014**, *118* (29), 15995-16002.

54. Tutt, L. W.; Boggess, T. F. A Review of Optical Limiting Mechanisms and Devices Using Organics, Fullerenes, Semiconductors and Other Materials. *Prog. Quantum Electron.* **1993**, *17* (4), 299-338.

55. Nisha George, M. N. L. Síntese e Estudos Comparativos de Atividade Antibacteriana de Complexos de Cobre de Base Schiff. *Int. J. Institucional Pharm. Ciências da Vida.* **2015**, *5* (3), 460-467.

56. Maeda, H.; Sawa, T.; Konno, T. Mecanismo de entrega de fármacos macromoleculares direcionados para o tumor, incluindo o efeito

EPR no tumor sólido e a visão clínica do protótipo de fármaco polimérico SMANCS Q. *J. Control. Release* **2001**, *74*, 47-61.

57.   Nisha George, M. N. L. Estudos de Atividade Antifúngica de Complexos de Cobre de Base Schiff. *Int. J. Institucional Pharm. LIFE Sci.* **2015**, *5* (5), 482-489.

58.   Rigo, C.; Ferroni, L.; Tocco, I.; Roman, M.; Munivrana, I.; Gardin, C.; Cairns, W. R. L.; Vindigni, V.; Azzena, B. Active Silver Nanoparticles for Wound Healing. *Int. J. Mol. Sci.* **2013**, *14*, 4817-4840.

59.   Creppy, E. E.; Diallo, A.; Moukha, S.; Eklu-Gadegbeku, C.; Cros, D. Estudo das Propriedades Epigenéticas do Cloridrato de Poli(HexaMetileno Biguanida) (PHMB). *Int. J. Environ. Res. Saúde Pública* **2014**, *11* (8), 8069-8092.

Capítulo IV

Resumo e conclusão

A tese intitulada "Conceção e desenvolvimento de nanocompósitos poliméricos com NPs de prata e ouro para estudos não lineares e biológicos" centra-se principalmente na síntese de nanocompósitos poliméricos de anidrido estireno-maléico (SMA-1) estruturalmente modificado. As propriedades ópticas não lineares foram investigadas e os estudos biológicos das amostras preparadas foram efectuados extensivamente.

O Capítulo I introduziu e analisou criticamente o trabalho publicado relativo a polímeros, nanocompósitos de polímeros e suas aplicações. Discutiu a relevância desta investigação no domínio da ótica não linear e dos estudos biológicos. Destacou também o âmbito e o objetivo da tese.

O Capítulo II descreveu os materiais utilizados para a síntese do polímero modificado, das misturas de polímeros, dos nanocompósitos e das nanofibras. As técnicas de caraterização utilizadas e os estudos de aplicação efectuados também foram discutidos. As propriedades ópticas não lineares dos nanocompósitos poliméricos foram analisadas utilizando a técnica de varrimento Z de abertura aberta (OA). As técnicas utilizadas nestes estudos foram descritas de forma sucinta. A atividade antibacteriana dos nanocompósitos de Ag foi estudada utilizando o método de difusão em disco / poço. O potencial de cicatrização de feridas dos nanocompósitos e nanofibras sintetizados foi avaliado através do ensaio MTT e do ensaio de feridas por arranhões utilizando linhas de células 3T3 e estes métodos utilizados foram abordados neste capítulo.

O Capítulo III tratou da síntese do copolímero de poli(estireno-anidrido maleico) modificado (SMA-1) e dos seus nanocompósitos com percentagens de peso variáveis de NPs Ag/Au. Os efeitos da incorporação de NPs Ag/Au no SMA-1 foram estudados utilizando os dados espectrais e térmicos. As alterações morfológicas da SMA-1, com NPs Ag/Au, foram analisadas utilizando as técnicas de microscopia eletrónica. Foram efectuados estudos de XRD para avaliar o grau de cristalinidade em amostras típicas de polímeros. Os estudos mostraram que estas amostras não eram completamente amorfas e possuíam algum comportamento cristalino. Os estudos de OA Z-scan revelaram que o coeficiente de absorção de dois fotões (β) do SMA-1 foi aumentado pela adição de NPs metálicas. Os nanocompósitos poliméricos com baixos valores de limiar de limitação ótica podem ser utilizados para o fabrico de dispositivos ópticos não lineares com boas propriedades de limitação ótica. Os estudos antibacterianos mostraram uma zona de inibição máxima a uma concentração de 75µ g/mL. Os testes de viabilidade celular *in vitro* foram realizados em SMA-1/Ag3 e a maior atividade foi observada na concentração de 50µ g/mL. Os estudos de cicatrização de feridas indicaram um aumento da migração e proliferação das células 3T3 de fibroblastos.

More
Books!

info@omniscriptum.com
www.omniscriptum.com
OMNIScriptum